邢群麟 编著

办事心理学

吉林出版集团股份有限公司

图书在版编目（CIP）数据

　　办事心理学 / 邢群麟编著 . —— 长春：吉林出版集团股份有限公司 , 2019.1
　　　ISBN 978-7-5581-2488-4

　　Ⅰ . ①办… Ⅱ . ①邢… Ⅲ . ①心理学 – 通俗读物
Ⅳ . ① B84-49

　　中国版本图书馆 CIP 数据核字（2019）第 008899 号

BANSHI XINLIXUE
办事心理学

编　　著：邢群麟
出版策划：孙　昶
项目统筹：郝秋月
责任编辑：侯金明　刘晓敏
装帧设计：韩立强
封面供图：摄图网
出　　版：吉林出版集团股份有限公司
　　　　　（长春市福祉大路 5788 号，邮政编码：130118）
发　　行：吉林出版集团译文图书经营有限公司
　　　　　（http://shop34896900.taobao.com）
电　　话：总编办 0431-81629909　营销部 0431-81629880 / 81629900
印　　刷：天津海德伟业印务有限公司
开　　本：880mm×1230mm　　1/32
印　　张：6
字　　数：113 千字
版　　次：2019 年 1 月第 1 版
印　　次：2019 年 7 月第 2 次印刷
书　　号：ISBN 978-7-5581-2488-4
定　　价：32.00 元

印装错误请与承印厂联系　　电话：022-82638777

前言

　　我们任何一个人在日常生活中总是会有诸如求学、求职、求人、升职以及婚丧嫁娶等各种各样的事情要办。这些要办的事有的可能会让你心清气爽，但是有的又会让你头疼。如果不能掌握办事的技巧，把这些事情办好，小则可能让你的生计出现问题，大则可能会让你的人生走到绝境。毫无疑问，我们都不想走绝路，不但不想走绝路，而且希望自己能够长袖善舞，越活越"滋润"。因此，我们就要学会掌握办事的技巧，这样才能把事情办得漂漂亮亮的。

　　那么，面对着这个纷繁复杂的社会和各种各样意想不到的事情我们如何才能够处理好方方面面的关系，把我们想要办的事情办得顺顺当当，合情合理呢？为了很好地解答读者心中的疑惑，本书从办事的基本功、办事的技巧、办事的绝招、办事的能力、办事的艺术五个方面全面而详细地介绍了各种各样的办事手段和技巧，并且通过一些生动而有趣的案例介绍了那些会办事的聪明人是通过什么样的方法和智慧最终达成自己的目的的。

　　无数事实证明，很多与成功失之交臂的人，并非缺乏成功的智慧和勇气，而是没有找到正确的方法，没有掌握办事技巧。而那些成就了一番事业的人，他们也未必都是天生的强者，只是他们掌握了办事的艺术，能够做到办什么样的事用什么样的方法，处处做得天衣无缝、滴水不漏，不给别人挑毛病的机会。所以我们经常可以看见周围有一些人，他们身无长物，然而却老练圆滑。他们头脑活络，在人际交往方面游刃有余。

毫无疑问，这其中有一种人生智慧，这种智慧使我们的生活和事业充满了激情和希望，而要掌握这种智慧，向那些会办事的聪明人学习是一种简单而可行的方法，本书为所有的读者提供了一个这样的平台，详细地展示了那些会办事的聪明人的方法和技巧。的确，一个人能不能在社会上站得住、行得开，很多时候取决于他会不会办事，会办事的人做起事来顺风顺水，能够把各种各样的事情办得天衣无缝，让人满意，也能够让他人心甘情愿地和他共事。因此，会办事的人总是能够取得不一般的成功。

CONTENTS

目录

第一章　胆大心细，放低姿态稳办事

懂得忍让 / 2

向不可能挑战 / 4

耐心才能办成事 / 6

跌倒后立刻站起来 / 9

胆识是一种办事的能力 / 12

克服阻碍成功的心理障碍 / 14

不要轻易被别人的评价左右 / 19

第二章　礼节周到，彬彬有礼易办事

手势语和表情语礼仪规范 / 24

电梯与乘车礼仪虽小，亦要重视 / 25

准时出席是必须遵守的会议礼仪 / 27

无事也要常登"三宝殿" / 29

从握手中体现你的风度 / 31

巧妙应对不速之客 / 33

实用的礼物才是最好的礼物 / 34

送有个性的礼物方显与众不同 / 36

第三章　欲擒故纵，捏人软肋精明办事

懂得先"舍"，然后才会有"得" / 40

先吃小亏，然后去占大便宜 / 42

以自己的真情赢对方的"回报" / 44

给人一份情，让人还上一辈子 / 47

共同利益是消除隔阂的桥梁 / 50

互惠互利，保持良好交往的保证 / 52

信任是合作共赢的基础 / 55

学会分享，快乐合作 / 57

抓住别人的"把柄"是掌控他的关键 / 60

韬光养晦，使对方失去戒心 / 62

第四章　稳中求胜，以和为贵从容办事

诚信是形成持久关系的基础 / 66

闲谈不搬弄是非 / 68

心平气和，以柔克刚 / 70

该说"不"时就说"不" / 74

"两难"问题可以这样回答 / 76

怎样应对别人的有意刁难 / 78

如何摆脱冷遇 / 80

扮猪吃虎，在刚柔之间回旋制胜 / 85

第五章　识人观心，拉近彼此距离巧办事

身体语言透露最真实的想法 / 90

观目识人心 / 91

抓住非言语线索，识别他人的谎言 / 93

嘴巴的动作折射人的心理 / 96

交往次数越多，心理距离越近 / 98

适当地袒露自己的内心，有助于加深亲密度 / 100

故意在明显的地方留一点儿瑕疵 / 102

第六章　藏露有术，办事无须锋芒毕露

别让别人看透你 / 106

在明处吃亏，在暗中得福 / 108

会避世，不如会避事 / 109

别踩着别人的脚印走 / 112

正面行不通，不妨侧面出击 / 114

及时调整，抢得先机 / 116

头脑博弈：策略性问题揣测端倪 / 118

高处原来不胜寒，低调融入是真知 / 121

第七章　抓住机遇，因势利导好办事

当办之事要果断决策 / 128

适度地强迫自己 / 134

抓住关键办好事 / 137

按优先顺序做事最轻松 / 141

善抓机遇能减少一半奋斗时间 / 144

敢做别人不敢做的事 / 148

跳起来抓机会 / 151

轻易放弃一分希望，得到的将是失败 / 155

第八章 张弛有度，进退自如灵活办事

要有一颗守规的心 / 160

尊重别人，给人尊严 / 164

办大事绝不糊涂 / 169

会绕圈子，不碰钉子 / 172

伤人别伤心 / 174

服从不等于盲从 / 177

大事坚持原则，小事学会变通 / 179

适可而止，凡事都给自己留条退路 / 181

第一章

胆大心细，放低姿态稳办事

懂得忍让

忍人之所不能忍，方能为人所不能为。

2000多年前，孟子就曾说过："天将降大任于斯人也，必先苦其心志，劳其筋骨，饿其体肤，空乏其身，行拂乱其所为，所以动心忍性，曾益其所不能。"

在求人办事的过程中也是这样，不管别人是否尽力，都不要责怪他，应以宽厚的胸怀对待他。这样才能建立好人缘，以后办事才会变得更容易。

荀子认为："君子贤而能容罢，知而能容愚，博而能容浅，碎而能容杂。"在生活中，我们随时都会遇到一些人说对不起自己的话或做对不起自己的事。当别人对不起我们时，我们应当怎么办呢？是针锋相对，以怨报怨呢？还是宽容为怀，原谅别人呢？最好的回答应当是容之，理解之，原谅之，并以实际行动感化之。

有这样一个例子，说的是一个卖保险的业务员。有一天，他到一家餐厅拜访店主，店主一听是保险公司的人，笑脸倏地收了起来。

"保险这玩意儿，根本没用。为什么呢？因为必须等我死了以后才能领钱，这算什么呢？"店主气冲冲地说。

"我不会浪费您太多的时间，您只要给我几分钟的时间让我为您说明就好了！"业务员笑着说。

"我现在很忙，如果你的时间太多，何不帮我洗洗碗盘呢？"

店主原是以开玩笑的口吻戏谑他，没想到年轻的业务员真的脱下西装外套，卷起袖子开始洗碗盘了。他的这一举动，把一直站在旁边的老板娘吓了一跳，她大喊："你用不着来这一套，我们实在不需要保险！所以，不管你怎么说、怎么做，我们绝不会投保的，我看你还是别浪费时间和精力了！"

出人意料的是，业务员每天都来洗碗盘，但店主依旧是铁石心肠地告诉他："你再来几次也没用，你也用不着再洗了。如果你够聪明，趁早找别家吧！"

年轻的业务员每天都面对这位店主的奚落，但是他忍住了，他依然天天到店里洗盘子，承受老板一家的刻薄言语。10天、20天、30天过去了。到了第40天，这个讨厌保险的店主，终于被这个青年的耐心感动了，最后还心甘情愿地买了高额保险，不仅如此，店主还替这位年轻的保险业务员介绍了不少生意呢！

这些无疑都要归功于年轻的保险业务员的忍让。如果他开始时面对店主那刻薄的话语火冒三丈、甩手而去，也就不会赢取后来那么多的保险业务了。

可是我们也知道忍让并不是件容易的事。别人冤枉了你，你感到深受伤害，那你如何去忍让这个人呢？

首先，你应该从对方的立场看问题。这么做，也许会使你看到自己的观点不完全是客观的。其次，不要愤怒。你受到愤怒的折磨，你用敌视坑害自己，而你恨之入骨的人甚至根本不知道你在恨他。

所以，忍让他人不仅是为了你的尊严和价值，而且也是为了保护自己不受伤害，更是为了以后办起事来更加顺利。

向不可能挑战

下面的这个例子中所表现出的向不可能挑战的心态是值得我们学习的。它对办事能否成功是至关重要的。如果在做事时，也能像下面故事中的女士那样勇于向不可能挑战，那么还有什么事情办不成呢？

一天，有位住在爱达荷州的妇女在杂志上看到一则消息："寻求能够培养纯白金盏花的人，经查验属实，可获得本公司提供的奖金1万美元。"当时，金盏花的颜色大部分都是黄色、金色或是棕色。至于纯白色的金盏花，这几乎不可能，也许那则消息只是为公司做宣传。

然而，这位女士却对这个消息深感兴趣，虽然她对植物的遗传学并没有太深的研究，但是她尚能了解配种的方法，当她犹豫不决时，有一个声音在她内心响起："你怎么了，试试看不就行了吗？"

于是，她很快就展开行动，首先，她去购买最大的黄色金盏花来种植，经由她细心灌溉、施肥，终于开出了太阳般的纯黄金盏花，她再从中选择了几朵颜色最淡的花朵，等花枯萎之后收集种子，第二年再将收集到的种子加以播种。她下定决心，不论花多少时间与精力，都一定要获得最后的成功，即使面对家人的怀疑和反对，她仍然持续地播种，虽然金盏花的颜色越来越淡，但还是无法变为纯白色的。

时间已经过去了很多年，她的孩子们渐渐长大，有的结婚生子，有的搬出去住了，最后她的丈夫也去世了，坚强的她一度深陷于悲伤的情绪中。但这终究并非长远之计，于是她再度鼓起勇气回到了金盏花的世界里。虽然后来她都已做了祖母，她却仍坚持辛勤耕耘。

终于，在某一天的早上，她突然看到一朵雪白的金盏花，而且是真正的雪白，正直挺挺地站在枝头上，她脸上露出了笑容。

等花枯萎后，她收集了一些种子，寄给那家公司。经过检验后，那家公司终于兴奋地打电话来告诉她说："我们要把奖金颁给你，感谢你所栽种的金盏花！"她终于如愿以偿获得了奖金，多年的心血也总算有了回报。

本来，培育纯白色的金盏花在别人看来是不可能的，但那位女士还是勇敢地接受了挑战，并最终获得了成功。

拿破仑曾说过："成功就是向不可能挑战。"事实上不论在哪个领域，成大事的人都是些"向不可能挑战"的人。当然，因此而失败的人也不少。但是，若不接受挑战，是绝对无法把"不可能"变成"可能"的。

向任何人都认为不可能的事挑战，一定会遇到很多的困难。这样做会受人嘲笑、非难，甚至会遭到抵制。但是，来自社会的压力越大，成功时的喜悦也就越大。

耐心才能办成事

办事时，无论遇到多么困难的事情都要有耐心，这是一种基本的要求。

有一位先生是一家汽车轮胎公司的经理，有一次他在酒吧饮酒，无意中碰撞了一位喝得酩酊大醉的年青人，结果这位年青人借酒撒疯，对他大打出手。

事后，这位先生从店主那里了解到，那位青年发明了一种能增加轮胎强度的方法，而且申请到了专利。但他找了好几家生产汽车轮胎的厂商，要求他们购买他的专利，都碰了壁，而且被他们视为异想天开。所以，他感到怀才不遇，整日忧郁不乐，就来这里借酒消愁。

当这位先生得知这些情况后，不但不介意这位青年对他的不恭，而且决定聘请他来自己公司做事。

一天早晨，他在工厂的门口等到了这位年青人，但年青人却心灰意冷，不愿向任何人谈起他的发明。他没有理睬这位先生，径自进工厂干活去了。但是，这位先生一直等在工厂的大门口。

中午，工人都下班了，却不见那位青年的踪影。有人告诉这位先生，那个青年人干的是计件工作，上下班没有固定的时间。

天气很冷，风也很大，但这位先生一直没有离去。就这样，他从早上8时一直等到下午6时。那位青年走出厂门，他一见这位先生的面，便爽快地答应与他合作。

原来吃午饭时，那位青年出来看到这位先生等在门口，便转身回去了。但后来，当他知道这位先生一天不吃不喝，在寒风中等了近10个小时之久后，不禁动心了。

当然，这位先生正是求得了这位青年才俊后，才推出了新的汽车轮胎产品，并很快在竞争激烈的市场上站稳了脚跟。

这位先生以他的忍耐之心表达了他求才的殷切之情，并获得了那位青年人的理解，从而使他答应了自己的请求。

当人们焦躁不安时，往往会变得粗鲁无礼、固执己见，使人感觉难以相处。这种行为是有害无益的，尤其在求人办事的过程中，俗话说："心急吃不了热豆腐。"当一个人失去耐心时，也就失去了理智的头脑。

怎样使自己变得有耐心，在紧张的情况下也能心平气和，对情绪有所控制呢？你应当给自己来一些心理暗示。

比如说，如果你觉得自己异常急躁，就不妨对自己说"没什么可急躁的，平静下来"。同时，去想一些非常平静的画面或事，将思绪带离现在的处境，你就会非常有耐心，保持平静，成功的把握也就多了几分。

要记住，急躁会使人失去判断力，容易给人造成不易接近的印象，当你丧失耐心时，同时也丧失了别人对你的支持。不要总是暴躁易怒。暴躁易怒的人，朋友会越来越少。

保持平静的心态还有另一个诀窍，那就是幽默。充满幽默感，善于将尴尬转化为幽默的人不但聪明，而且招人喜爱。

有耐心的人向人显示的不仅是平静，而且还是一种修养。

所以，要想将事办成，你就要锻炼自己的耐心。

跌倒后立刻站起来

办事之前你也许会这样想："如果我被拒绝，该怎么办？"有很多人一旦遭人拒绝，就会唉声叹气或大骂对方混蛋。

对待挫折，不同的态度会招致不同的结果：当你遭人拒绝时就放弃努力，你得到的只能是失败；继续尝试，下定决心去获得成功，才是避免失败的最好办法。

对于那些自信而不介意暂时失败的人来说，没有所谓的失败；对于怀着百折不挠的意志的人来说，没有所谓的失败；对于别人放弃，他却坚持，别人后退，他却前进的人来说，没有所谓的失败；对于每次跌倒却立刻站起来，每次坠地反而像皮球那样跳得更高的人来说，没有所谓的失败。

1832年，美国有一个人失业了。他很伤心，但他下决心改行从政，当个政治家，当个州议员。糟糕的是，他竞选失败了。

但是他并没有灰心，接下来他着手开办自己的企业，可是，不到1年，这家企业又倒闭了。此后17年的时间里，他不得不为偿还债务而到处奔波，历尽磨难。

1850年，他再次参加竞选州议员，这一次他当选了，他内心生起一丝希望，认定生活有了转机："可能我可以成功了！"

第二年，即1851年，他与一位美丽的姑娘订了婚。没料到，离结婚日期还有几个月的时候，未婚妻却不幸去世。这对他的精神打击太大了，他心力交瘁，数月卧床不起，因此患上了神经衰弱症。

1852 年，他觉得身体康复过来了，于是决定竞选美国国会议员，可是又失败了。

一次次尝试，一次次失败，你在办事时碰到这种情况会不会万念俱灰放弃新的尝试？

但他没有放弃，1856 年，他再度竞选国会议员，他认为自己争取作为国会议员的表现是出色的，相信选民会继续选他。可是，机遇好像总是捉弄他，他再次落选了。

之后，为了挣回竞选中花掉的一大笔钱，他向州政府申请担任本州的土地官员。州政府退回了他的申请报告，上面的批文是："本州的土地官员要求具备卓越的才能、超常的智慧，你未能满足这些要求。"

在他一生经历的 11 次较大的事件当中，只成功了两次，然后又是一连串的碰壁。可是他始终没有停止自己的追求，他一直在做自己生活的主宰。1860 年，他最终当选为美国总统。

他，就是亚伯拉罕·林肯。

很显然，林肯的成功是与他的坚持不懈分不开的，于是在美国白宫的总统办公室里，他的肖像被悬挂在显眼的位置上。罗斯福总统曾告诉别人说："每当我碰到犹疑不决的事，便看看林肯的肖像，想象他处在这个情况下应该怎么办，也许你会觉得好笑，但这是使我解决一切困难最有效的办法。"

林肯在屡遭失败后，如果放弃了尝试，美国历史就要重新改写了。然而，面对艰难、不幸和挫折，他没有动摇，没有沮丧，他坚持着，奋斗着。他根本没有想过放弃努力。他不愿在失败之后放弃。正是这种精神促成了他最后的成功。

你为什么不去试用一下林肯的办法呢？如果你在办事的时候碰到了困难，请不要气馁，你可以想一下，当年的林肯要比你困难得多！林肯竞选参议员失败后，他告诉他的朋友说："即使失败10次，甚或100次，我也绝不灰心放弃！"

著名心理学家詹姆斯有一段名言，希望你每天清晨都诵读一遍："年轻人不必烦恼自己所受的教育毫无用处，不论你做什么事业，只要你忠于工作，每天都忙到累了为止，总有一天清晨醒来，你会发现自己是全世界能力最强的人。"

在办事的过程中，如果有永不言败的勇气，那么一切事情都会迎刃而解。

胆识是一种办事的能力

办事并不是一种凭空而起的想法，只想想就可以了，它要你脚踏实地，认真地去做。因此，要想办成一件事，对于一般人来说，也许不是很容易，因为你除了有真正的使命感之外，还需要有胆识。我们常常将胆识与勇敢联系在一起，尽管两者之间有着密切的联系，但勇敢可能更多地表现为生活处于危险境地时而自然产生的非同寻常的个人反应。这种勇敢在我们的生活中可能是永远都无法加以验明的东西；相反，胆识则是我们人人具有、每天都要用到的一种品质，认识到这一点并付诸行动，我们就能在办事方面有很大的进步。

毫无疑问，胆识是一种能力，它帮助我们去做一些我们不明原因的、在本能上感到害怕的事情，这些事情可能是我们每天都会经历的，比如，害怕被人嘲笑，害怕失败，害怕意想不到的变化，或是其他什么使我们内心想要退缩的事情。如此一来，尽管我们得到的不是我们内心期待的东西，但它至少是令我们感到舒适并为我们所熟悉的事物。

然而，当我们对周围的一切熟视无睹时，周围的一切却在发生着飞速的变化。我们越来越感到自己不合时宜，这进一步强化了生活中的障碍，使我们心甘情愿地任凭事情自由发展。

办事心理学

只有对成功充满自信和激情，并总结经验战胜恐惧时，成功才会实现。

罗伯特·F.肯尼迪曾说："只有敢于面临巨大失败的人才能取得巨大成功。"为了到达目的地，我们常常要运用自己的胆识去处理我们面对的问题，要无所畏惧，并从失败中吸取教训。开展业务、开垦处女地，或是单纯地学习一项新的技术，都需要我们的胆识，胆识来源于坚定的信念。

如果你是一个商人，假设你现在要开始你自己的业务，于是你在办公室里安上了传真机，印好了你的信笺、信封，分发了很多小传单，向潜在的客户送出了上百封的信函。但一切都是白费工夫。于是你决定把与客户见面当作下一个步骤，无事先接触或任何缘由而主动给潜在的客户打电话。问题是你虽然努力去尝试了，但你却干不成事，因为每次打电话你都是浅尝辄止、半途而废。有时即使你遇到了成功的机会，也会特别紧张，说话不得要领，为自己冒昧的电话而抱歉，无法获得见面的机会。为什么？因为对被人拒绝、被人瞧不起的恐惧使我们退缩。想象中的失败感超出了想象中的成就感。要知道，克服这种恐惧心理所需要的胆识，它需要毅力、确定的目标、对成功的坚定信念，以及一心致力于目标，无论遇到何种情况都不放弃。

当你对打这类电话感到极为恐惧时，每天先打 5 个，然后换成 20 个，再下去是一天 50 个，直到你解除了自己的心理恐惧，这时你便会发现给客户打电话是一个必要的过程，坚持下去你就能成功。

办事高手应该了解，生活中要战胜的最主要的恐惧是对失败本身的恐惧。失败既然已经发生，就要从中吸取教训，失败并不能证明你总是要走向失败。

我们必须懂得，失败是进步曲线的一个组成部分：失败只是意味着我们做得不对，无论我们做的是什么事。考察一下成功的推销员，高销售额的推销员的一个共同之处是，只是在有了六七次接触之后，他们才开始与人约见并卖出产品；这些推销员并不是什么幸运者，他们只是具备了充分的信心和胆识，战胜了被人拒绝的恐惧心理。

如何发现自己的胆识？答案很简单：一心致力于自己的目标，把每一次失败都看成是成功的一个组成部分。

克服阻碍成功的心理障碍

心理障碍对一个人的工作、生活都是极其不利的，在办事的过程中也是如此。所以，我们要想将事情办成功，就要努力克服这道障碍。

每个人都有能力发展自己，取得更大的成功，不幸的是人们在开发自己潜能、取得成功的过程中常会遇到一种心理障碍，这就是所谓的"约拿情结"。约拿是《圣经》中的人物，上帝给了他机会，他却退缩了。这是个怀疑甚至害怕自己的能力所能达到的高度，心理软弱到甘愿回避成功的典型。

回避成功的心理障碍，主要有意识障碍、意志障碍、情感障碍和个性障碍等。

1. 意识障碍

所谓意识障碍，是指由于人脑歪曲或错误地反映了外部现实世界，从而影响以至减弱人脑自身的辨认能力和反应能力，阻碍着人们对客观事物的正确认识，从而影响了在事业上的成功。主要表现在：

（1）"自卑型"心理障碍：自认为智力水平低，或家庭、社会条件不如人等。

（2）"闭锁型"心理障碍：不愿表现自己，把自我体验封闭在内心，因而缺乏自我开发的积极性。

（3）"厌倦型"心理障碍：是一种厌恶一切、对什么都不感兴趣或感觉无能为力的心理状态。

（4）"习惯型"心理障碍：习惯是由于重复或练习巩固下来的并变成需要的行为方式，习惯形成一是自身养成，二是传统影响。

（5）"志向模糊型"心理障碍：是指对将来干什么，成为何种人才的理想不明确，因此不能有目的地进行自我能力开发。

（6）"价值观念异变型"心理障碍：是指对作用于人的客观事物的价值量进行了不正确的或者错误的心理评估，形成了一种畸形的价值意识，最突出的表现为贬低自己目前所从事的职业，因而不能结合工作开发自身能力。

2. 意志障碍

所谓意志障碍，是指人们在自我能力开发中，确定方向、执行决定、实现目标的过程中起阻碍作用的各种非专注性、非持恒性、非自制性等不正常的意志心理状态。主要表现在：

（1）"意志暗示型"心理障碍：是指在制定和执行目标时，易受外界社会风潮和他人意向的直接或间接的影响，而产生的一种摇摆不定的心理状态。比如，"三天打鱼，两天晒网"。

（2）"意志脆弱型"心理障碍：表现在没有勇气去征服实现目标道路上的困难，只是被动地改变或放弃自己长期的目标。

（3）"怯懦型"心理障碍：这种人过于谨慎、小心翼翼，常多虑、犹豫不决，稍有挫折就退缩，因而影响自我开发目标的完成。

3. 情感障碍

所谓情感障碍，是指人们在能力的自我开发中，对客观事物所持态度方面的不正确的内心体验。主要表现为麻木情感，即人们情感发生的阈限超过常态的一种变态情感。所谓情感阈限，就是引起感情的外界客观事物的最小刺激量。麻木情感的产生主要是由于长期遇到各种困难，受到各种打击，自己又不能正确地对待和加以克服，以致对外界客观事物的内心体验阈限增高，形成一种内向封闭性的心理态势。它会使人们丧失与外界交往的生活热情和对理想及事业的追求。

4. 个性障碍

所谓个性障碍，是指人们在自我开发中常常出现的气质障碍和性格障碍。

5. 其他障碍

除了意识障碍、意志障碍、情感障碍和个性障碍外，还有影响智力开发的几种心理障碍。包括感觉加工中的心理错觉、知觉中的错觉和偏见，思维定式的障碍等，这些心理障碍主要属于认识上的主观片面性、表面性，以及思想僵化等原因。这些和回避成功、害怕成功的心理障碍是两种性质不同的心理障碍，但同样对人的事业有着巨大影响，特别是当这些心理障碍互相交织时，会形成一种强大的负效应，导致一个人的事业失败。

上述这些心理障碍还会使人产生一种社会恐惧，存在社会恐惧对办事情显然是非常不利的。

社交恐惧，简单地说，就是在社交场合，怕被别人注意或稍有差错就产生极度恐惧的情绪。据专家调查发现，社交恐惧症是最常见的神经紧张和功能失调的病症，它是一种对难堪或出丑表现的强烈反应和令人身心疲惫的恐惧感。拥有这种症状的人害怕在公共场合讲话，不愿意接触人，不愿意与人共事。

当你发现自己存在着社交恐惧时就应该及时克服，下面的几种方法不妨一试。

1.平衡心理，主动出击

对社交出现恐惧的根源在于害怕交往中出现棘手、无法应付的情况，让自己难堪、出丑。当一个人对外界不确定时，就会出现恐惧的心理。与其害怕不如主动面对。因此，不妨主动寻求外界的刺激，以提高你的心理素质和解决问题的能力。要勇敢地迈出第一步，也就是一个勇气的问题。当你迈出第一步以后，你会发现你所恐惧的其实根本不值得一提。

2.给自己松绑

社会交往过程中不要背包袱，学会轻松、坦然地面对一切。

要忘掉自我。有社交恐惧的人都过分注意自我：我这样说话好不好？我的衣着打扮是否得体？满脑子转着这样的念头，结果越想越紧张，越紧张越拘谨，如不及时摆脱这种窘境，势必导致交往失败。如果换一个角度想问题：眼前的交往对象未必比自己高明，或许他也羞怯和害怕。在这种情况下，我们就能够变得泰然自若、镇定沉着，而精神上的忘我和放松一旦形成，也就没有那么多的顾忌了。

不否定自己，不断地鼓励自己"我是最好的""天生我材必有用"。

不苛求自己，能做到什么地步就做到什么地步，只要尽力了，不成功也没关系；不回忆不愉快的过去，过去的就让它过去，没有什么比现在更重要的了。

每天给自己 10 分钟思考，只有不断反省自己才能够不断面对新的问题和挑战。

找个倾诉对象，有烦恼就一定要说出来的，找个可信赖的人说出自己的烦恼。可能他无法帮你解决问题，但至少可以让你发泄一下。

很明显，有些人办事总是差强人意，这不是说他智力不够，很大一部分原因是他没有克服自己心理上的弱点。因此，只有不断向自己挑战，认真克服以上心理障碍，才能取得成功。

不要轻易被别人的评价左右

很多人都看过这样一个故事，说的是父子俩听了别人的话，从"骑着驴"到"抬着驴"走。有时我们的烦恼纯粹是因为太在乎别人的评价。我们有时总是把别人的意见看得比自己的意见更为重要，使别人的赞许和批评成为一种强大的支配力量。比如说别人认为我们能办得了某件事情时，我们也非常相信自己，而当别人摇摇头说我们办不了某件事情时，我们也就很轻易地放弃了，不再去尝试。但是，你反过来想想：如果使自己的行动完全取决于别人的看法，那么一旦失去别人的赞许，而只剩下批评时，你便会感到无所适从。

其实，别人的评价并不重要，重要的是你对自己的态度和评价。

虽然有些人也很清楚这个道理，但却因为很多原因，还是会被别人的评价左右。那怎样才能不受别人评价的左右呢？下面是一些建议：

1. 将别人的思想、言论和行为与自我价值分开

别人的评价，只能代表别人对事物的看法，并不是真理，神圣不可改变。你认为可以听的就听，认为可以不听的就不听。

2. 不理睬那些企图支配你的人

你可以对自己说："他的意见与我毫不相干。"这样你就不必依照别人的意见来确定自己的价值，也不必解释和反驳。

3. 理解存在于生活，不理解也存在于生活

你的许多做法，别人可能不理解，这没关系。理解是要有一定时间的。何况，因为思想、环境、修养的不同，别人哪能完全

理解你呢？如果每件事都等别人理解之后再去做的话，那你一生才能做几件事？况且，周围的许多人和事，你不是也不理解吗？可他们仍然存在着，并没因为你的不理解而停止或改变。总之，人们并不需要理解一切，也不可能理解一切。

4. 从购置衣物开始，要根据自己的判断去买，不必征求别人的意见

因为衣服是要穿在你身上，而不是穿在别人身上。别人的选择只代表别人的爱好和审美，并不代表你。再说，如果穿上与你的修养气质不相符的衣物，还会带来明显的反差，让大家感到滑稽可笑，也会使你难堪，因而深深地陷入苦恼之中。

5. 不迷信权威，不盲目崇拜

迷信权威，盲目地崇拜，是缺乏自信的表现，权威也不是从权威开始的。过分迷信权威的评判很容易丧失自信心。

6. 别怕挨骂

要想不为别人的评论所左右，就要做好挨骂的准备。当你没有理睬别人的评判时，很有可能会被别人说成是"狂妄""自大""目中无人"，这很正常。评判你的人一般都希望你能采纳他的意见。你的不理睬本身就表明出了你的与众不同，而与众不同则容易招来非议。

7. 不要怕孤立

不是有句话这样说吗："真理有时是站在少数人一边的。"不

要以对认可自己行为的人数的多少来确定自己行为的正确与否。只要你坚信自己是对的，不论支持你的是多数人还是少数人，都应坚持。

　　总之，这些都要从平时做起，一点点地积累、沉淀。完全克服这一缺点，对办事是大有好处的。

第二章

礼节周到，彬彬有礼易办事

手势语和表情语礼仪规范

人们在交流过程中，除了使用语言符号外，还使用非语言符号。非语言符号是相对语言符号而言的。其中包括手势语、体态语、空间语及相貌服饰语等。这里，我们介绍一下手势语和表情语的礼仪。

1. 手势语的礼仪

手势是一种动态语，要求人们运用恰当。如在给客人指引方向时，要把手臂伸直，手指自然并拢，手掌向上，以肘关节为轴，指向目标。

OK 手势：用大拇指和食指捏成一个圆圈，在美国表示"同意""了不起""顺利"或"赞扬"等意思；在日本、韩国还表示"金钱"的意思；在巴西则为侮辱人。

举大拇指的手势：在美国、英国、澳大利亚和新西兰，这种手势包含 3 种含义：搭便车；表示 OK；如果将拇指用力挺直，会有骂人的意思。

V 手势：这种手势使用时手掌向外。现在人们普遍用来表示"胜利"（Victory）。但如使用时手掌向内，就变成侮辱人下贱的意思了。

"右手握拳，伸直食指"手势：在中国表示"一"或"一次"，或是提醒对方"注意"之意；在日本、韩国、菲律宾等国，则表示"只有一次"；在法国是"提出问题"的意思；在缅甸有"拜托"的意思；在澳大利亚的酒吧、饭店向上伸出手指则是示意"请再来一杯啤酒"的意思。

注意不要在社交场合做一些不合礼仪的手势、动作，否则会给人造成蔑视对方、没有教养的印象，从而影响彼此的交流。

2.表情语的礼仪

面部表情是人体表情最为丰富的部分，它表达人们内心的思想感情，表达人的喜怒哀乐，对人们所说的话起解释、澄清、纠正或强调的作用。眼睛是心灵的窗户，人们都在不自觉地用眼睛说话，也在观察他人的眼神，面部表情中最明显的是笑。为显示你应有的礼仪，在平时的社交中你应开展"微笑外交"。

电梯与乘车礼仪虽小，亦要重视

高层办公场所常配有电梯，出入电梯礼仪虽小，亦要倍加重视：

出入有人控制的电梯，陪同者应后进去后出来，让客人先进先出，把选择方向的权利让给地位高的人或客人。

当然，如果客人初次光临，对地形不熟悉，你还是应该为他们指引方向。

出入无人控制的电梯时，陪同人员应先进后出并控制好开关。

酒店电梯设定程序一般是 30 秒或者 45 秒，时间一到，电梯门就会自动关闭。如果陪同的客人较多会导致后面的客人来不及进电梯，所以陪同人员应先进电梯，控制好开关，让电梯门保持较长的开启时间，避免给客人造成不便。

如果有个别客人动作缓慢，影响了其他客人，你在公共场合不应高声喧哗，可以利用电梯的唤铃功能提醒客人。

和上司或客人一起乘车时，座位的安排是一项重要的乘车礼仪：

如果乘坐的是前后两排 4 个座位的轿车，一般司机侧后靠门的座位是上座，是主宾的位置。司机正后面的座位次之，是主要陪同人员的座位。司机旁边的位置是最低级的座位，一般是由秘书、向导或警卫人员来坐。上车时，应请上司或客人从右侧门上车；陪同者要从左侧门上车，避免从客人座前穿过。如果上司或客人先上车，坐到了陪同人员的位置上，也没有必要请上司或客人挪动位置。车门应由低位者关上。下车时由最低位者先下车，打开车门等候其他人下车。

与女生一起乘车时，不论她的职务高低，一律先让女性上车，男性坐在她的左边。如果是由主人亲自驾车，客人要坐在司机旁边的位置上，以表示对主人的尊重。上下车的正确姿势是要侧着身体向前移动，下车时靠近车门后，再从容下车。

准时出席是必须遵守的会议礼仪

不管是参加自己单位还是其他单位的会议，一定要准时出席会议，这是必须遵守的会议礼仪。参加会议时最好是提前5分钟进入会场。在一些高度聚焦的场合，稍有不慎，便会损害自己和单位的形象。

小刘刚来公司不久，他的公司应邀参加一个研讨会，该研讨会邀请了很多商界知名人士以及新闻界人士参加。老总特别安排小刘和他一道去参加，让小刘见识一下大场面。

小刘早上睡过了头，等他赶到会议室时，会议已经进行了20分钟。他急急忙忙推开了会议室的门，"吱"的一声脆响，他一下子成了会场上的焦点。刚坐下不到5分钟，肃静的会场上又响起了摇篮曲，是谁在播放音乐？原来是小刘的手机响了！这下子，小刘可成了全会场的明星……

没过多久，小刘就只能另谋高就了。

作为职场中人，在公司里，一定要养成顾全企业大局的习惯。除开公司和部门内部的会议，职场人士也有机会参加其他一些公司以外的会议，因此，在参加会议之前，要做好准备。

开会前，如果你临时有事不能出席，必须提前通知对方。参加会议前要多听取上司或同事的意见，做好参加会议所需资料的准备。

开会的时候，如果让你发言，你的发言应简明扼要。在你听其他人发言时，如果有疑问，你要通过适当的方式提出来。在别人发言时，不要随便插话，破坏会议的气氛，开会时不要说悄悄话和打瞌睡，没有特别的情况不要中途退席，即使要退席，也要征得主持会议的人同意。要利用参加会议的机会，与各方面疏通，建立良好的人际关系。

在工作中，你可能经常要被派去参加会议的筹备，所以，也要了解一些筹备会议的要点：准备好参会人员名录，确认对方是否会参会；进入会场时给客人领座位，如果没有确定座位，就让参会者从最里面坐起；整理、分发会议资料，准备好黑板、粉笔等会议用品；看参会者是否有私人物品（如大衣、帽子等）需要保管，准备好饮料及水果；如果会议中途外面有人来找人，用纸条或耳语通知当事人；会议中途，不能没人值班，如果自己有事走开，要请人替代。

职场中的任何一个人都要遵循会议中的礼仪，具体表现为：

如果有工作装，应该穿着工作装。比规定开会时间早 5 分钟左右到会场，而不要开会时间到了，才不紧不慢地走进会场，对别人造成影响。

开会期间，应该表现出一副认真听讲的姿态。开会也算是在工作，认真听讲的姿态不仅表现你的工作态度，也是对发言者的尊重。那种趴着、倚靠、打哈欠、胡乱涂画、低头睡觉、接打电话、来回走动以及和邻座交头接耳的行为，都是非常不礼貌的。

在每个人发言结束的时候，应该鼓掌以示对他讲话的肯定和支持。

无事也要常登"三宝殿"

中国人常说"无事不登三宝殿"，意思就是登门拜访必然有事相求。会办事的人，常常无事也登"三宝殿"，平时常用电话、短信，让别人知道他们在自己心中占有一席之地。如果非到有事时才求人，那么未免惹人反感。

有空时常到同事家坐坐、聊聊天是非常有必要的，但应注意分寸，太不拘小节容易引起主人反感，要去就要做一个受欢迎的客人。

有预约的拜访要严守时间，别忘了浪费别人的时间等于谋财害命；有预约的拜访不能准时赴约，要提前打电话通知对方，即使责任不在自己，也要道歉。

主人向自己介绍新朋友时，一定要站起来，以示尊重，同时一定要在第一次介绍中记住对方的姓名，免得谈话时不好称呼。对一些自己不认识的长辈或领导，要主动站起来，先自我介绍，让对方了解自己。介绍自己要亲切有礼，态度要谦虚，不能自我吹嘘。如果在单位担任领导职务，也只应介绍自己的所在单位，而不要介绍职务，对某项事物有研究，只是说对某某事物爱好足矣。

在同事家做客，不能大大咧咧地径直坐到席上，应等主人邀请后才"恭敬不如从命"；等人时，不要左顾右盼；主人奉茶之后，先搁下来，在谈话之间啜之最为礼貌。

不做"不速之客"。去串门首先要选择适当的时间，探访前先要和被访的同事约好时间，了解对方是否在家、是否方便打扰，免得对方有急事无暇接待。同时最好避开吃饭时间和午睡时间。离开时不要过晚，以免影响主人休息。

在进同事家门之前，要先看看鞋底是否带泥。擦拭之后，先敲门再走进去。雨具、外衣等要放到主人指定的地方。如果主人较自己年长，那么主人没坐下，自己不宜先坐下。自己的交通工具如自行车要锁好，放在不影响交通的地方，如果放的位置不好或忘锁被盗，不仅自己受损失，也会给主人带来麻烦。

如果要抽烟，一定要征得主人特别是女主人的同意，因为吸烟会危害他人的健康；如果主人家未置烟灰缸，多半是忌烟的；如果掏烟打火，让主人匆忙替你找烟灰缸，是不尊重人的举动。

从握手中体现你的风度

在大多数国家的礼仪中，握手是见面和离别时的礼节，并且它还表示感谢、慰问、祝贺或鼓励。那么，怎样握手才最有风度呢？

（1）握手姿态要正确。行握手礼时，通常距离受礼者约一步，两足立正，上身稍向前倾，伸出右手，四指并齐，拇指张开与对方相握，微微抖动三四次，然后与对方的手松开，恢复原状。与关系亲近者，握手时可稍加力度和抖动次数，甚至双手交叉热烈相握。

（2）握手必须用右手。如果恰好你当时正在做事，或手很脏很湿，应向对方说明，摊开手表示歉意或立即洗干净，再与对方热情相握。如果戴着手套，则应取下后再与对方相握。

（3）握手要讲究先后次序。一般情况下，由年长的先向年轻的伸手，身份地位高的先向身份地位低的伸手，女士先向男士伸手，老师先向学生伸手。如果两对夫妻见面，先是女性相互致意，然后男性分别向对方的妻子致意，最后才是男性互相致意。拜访时，一般是主人先伸手，表示欢迎；告别时，应由客人先伸手，以表示感谢，并请主人留步。不应先伸手的就不要先伸手，见面时可先行问候致意，等对方伸手后再与之相握，否则是不礼貌的。许多人同时握手时，要顺其自然，最好不要交叉握手。

（4）握手要热情。握手时双目要注视着对方的眼睛，微笑致意。切忌漫不经心、东张西望，边握手边看其他人或物，或者对方早已把手伸过来，而你却迟迟不伸手相握，这都是冷淡、傲慢、极不礼貌的表现。

（5）握手要注意力度。握手时，既不能有气无力，也不能握得太紧，甚至握痛了对方的手。握得太轻，或只触到对方的手指尖，不握住整只手，对方会觉得你傲慢或缺乏诚意；握得太紧，对方则会感到你热情过火，不善于掩饰内心的喜悦，或觉得你粗鲁、轻佻而不庄重。这一切都是失礼的表现。

（6）握手应注意时间。握手时，既不宜轻轻一碰就放下，也不要久久握住不放。一般来说，说完欢迎或告辞致意的话以后，就应放下。

另外还要注意，不要一只脚站在门外，一只脚站在门内握手，也不要连蹦带跳地握手或边握手边敲肩拍背，更不要有其他轻浮不雅的举动。

我们在行握手礼时应努力做到合乎规范，避免触犯下述失礼的禁忌。

（1）在和基督教信徒交往时，要避免两人握手时与另外两人相握的手形成交叉状，在他们眼里这是很不吉利的。

（2）不要在握手时戴着手套或墨镜，只有女士在社交场合戴着薄纱手套握手才是被允许的。

（3）不要在握手时另外一只手插在衣袋里或拿着东西。

（4）不要在握手时面无表情、不置一词或长篇大论、点头哈腰、过分客套。

（5）不要在握手时仅仅握住对方的手指尖，好像有意与对方保持距离。正确的做法是握住整个手掌，即使对异性也应这样。

（6）不要在握手时把对方的手拉过来、推过去，或者上下左右抖个没完。

巧妙应对不速之客

日常工作中，难免会遇到不速之客，他们可能是客户、同事或者其他人。那么，我们应如何应付这种情况，才能既表示礼貌又不会影响工作呢？

（1）领导的客户或上级。应该热情地请他们到会客室就座，给他们倒上一杯茶；可以说"您稍等一下，我看一下×××在不在"，马上告诉领导，再按领导的指示接待、安排。

（2）领导的亲朋。请他们到会客室就座，并马上通知领导，再按指示接待。

（3）公司内部的管理人员。如果有急事要见领导的话，要马上通报，以免误事。

（4）推销员。你可以先让他们稍等，然后打电话给相关部门。如果相关部门有意向或是事先有约的话，就指引他们过去。

有些推销员坚持要见领导，一是确实和领导有约，二是从没约定，只是他们觉得见领导更益于他们的推销工作。这时候，没必要马上推辞，可以让他们把材料留下，在方便的时间请示领导。如果领导感兴趣，会及时主动和他们联系。

（5）客户。不需要领导出面就可以解决的问题，则可以介绍他们去找相关部门的主管或相关人员交涉。当然，你最好先帮客户联系一下，如果不好找则最好带他们过去。

（6）其他不速之客。要先请对方报上姓名、单位、来访目的等基本资料后，再去请示领导，由领导决定是否会见。

总之，应对"不速之客"，不可擅作主张，及时向领导请示为妙。

实用的礼物才是最好的礼物

如果你尚不算一个应酬高手，那么送礼物时，你一定要知道对收礼人来讲，实用的礼物才是最好的。

一般来说，日常生活用品可以作为你送对方的礼物，因为它和人们的生活息息相关，人们每天都在和它打交道，或是洗涮，或是做饭，或是品酒饮茶。所以，将日常生活用品作为礼物，往往会让朋友、亲人觉得实用。

日常生活用品的种类很多，像炊具、餐具、茶具、酒具等均在其列。还有一种礼品化的组合性日用品，通过重新包装，也很受欢迎。

有童装与玩具的组合，儿童食品与小玩具的组合，名酒与酒具的组合，服装与个性化饰品的组合，笔与手表的组合，笔与打火机的组合等。具有深刻含义的礼物，如酒与杯组合，象征酒逢知己；茶与茶具组合，象征君子之交等。

送给对方毫无用处的东西是一大忌讳。例如，送汽车配件给一个没有汽车的人，送酒给一个不喝酒的人，或把一套运动器材送给一个腿脚有残疾的人，这些都是不恰当的。

此外，还要考虑到收礼人在日常生活中能否应用得上的礼品。例如，朋友乔迁之喜，你准备送他一幅很大的装饰画，首先应考虑：他家里摆得下这么大的一幅画吗？

根据性别可将送礼对象分为，男人、女人，根据职业有旅行家、经理、文员等，每个人的职业特点不同，他们收到的礼物也应不一样。

因此，实用性永远是选择礼品和送礼的一个重要因素。

送有个性的礼物方显与众不同

世界上没有两片相同的叶子，同样，每个人性格都是不一样的，一个人与别人不一样的地方就叫作个性。可别小瞧了个性，送礼时如果能把收礼人的个性考虑进去，那么你会收到意想不到的效果。

好莱坞著名女影星吉娜·劳拉伯·吉达从她的影迷、新闻界以及其他场合收到过许多礼物，其中有一把用火柴棍精心制作的小提琴，在她的记忆中占有特殊地位。

这把小提琴全部由用过的火柴棍做成，至少有 1000 根。火柴棍都被涂上了漆，做成与真乐器一样大，共有 4 根弦，还可以用来弹奏乐曲。

吉娜回忆说："有一天，这把包装好的小提琴寄到了我在罗马的住处，包裹里还夹带着送礼者的信。送礼者是一个囚犯，他在信中说他很崇拜我。他在漫长、黑暗而又孤独的监狱生活中，为了表达对我的崇拜，做了这把小提琴送给我，作为给我演奏小夜曲的象征。他还称我是囚犯的女王。"

吉娜被这位囚犯的执着所打动，也为他不用专用工具就能做出这份礼物而惊喜。她写信给这个囚犯以示对他的感谢。从那以后，这把小提琴一直作为她的珍藏存放在罗马的家中。

极具个性特征的礼物是很少有人会讨厌的，若你送给别人这样一份礼物，肯定会给他带来惊喜。

忽视收礼人的个性需要，就是忽视自己的情感。在礼物品种上，大多数人追求个性化，购买礼品越来越讲究新颖别致。如一套精美的蜡烛杯，一个可折叠的便携式坐椅等，这些新颖的物品都是表情达意的好礼。相反，那些刻意用作礼品出现的商品，如各种礼盒、金箔画等，反而因千篇一律而失去其吸引力。

个性化礼物更具有个人特点和纪念意义。因此，个性化的礼物比精挑细选的礼品，更能表达你的心意和感情。

第三章

欲擒故纵，捏人软肋精明办事

懂得先"舍"，然后才会有"得"

一艘超载的轮船是无法安全到达彼岸的。一个人的时间和精力有限，必须懂得放弃，才能得到自己最想要的东西。

第二次世界大战的硝烟刚刚散尽时，以美、英、法为首的战胜国首脑们几经磋商，决定在美国纽约成立一个协调处理世界事务的联合国组织。一切准备就绪之后，大家才蓦然发现，这个全球最权威的国际性组织，竟没有自己的立足之地。

想买一块地皮，刚刚成立的联合国机构还身无分文；让世界各国筹资，牌子刚刚挂起，就要向世界各国搞经济摊派，负面影响太大。况且刚刚经历了二次大战的浩劫，各国政府都财库空虚，许多国家财政赤字居高不下，要在寸土寸金的纽约筹资买下一块地皮，并不是一件容易的事情。联合国对此一筹莫展。

听到这一消息后，美国著名的家族财团洛克菲勒家族经商议，果断出资 870 万美元，在纽约买下一块地皮，将这块地皮无条件地赠予了这个刚刚挂牌的国际性组织——联合国。同时，洛克菲勒家族亦将毗连这块地皮的大面积地皮全部买下。

对洛克菲勒家族的这一惊人之举，当时的许多美国大财团都吃惊不已。870万美元，对于战后经济萎靡的美国和全世界，都是一笔不小的数目，而洛克菲勒家族却将它拱手赠出，并且什么条件也没有。这条消息传出后，美国许多财团主和地产商纷纷嘲笑说："这简直是蠢人之举！"并纷纷断言："这样经营不出10年，著名的洛克菲勒家族财团便会沦落为著名的洛克菲勒家族贫民集团！"

但出人意料的是，联合国大楼刚刚建成完工，毗邻区域的地价便立刻飙升起来，相当于捐赠款数十倍、近百倍的巨额财富源源不断地涌进了洛克菲勒家族财团。这个结局，令那些曾经讥讽和嘲笑过洛克菲勒家族捐赠之举的财团和商人们目瞪口呆。

这是典型的"因舍而得"的例子。如果洛克菲勒家族没有做出"舍"的举动，没有勇于牺牲和放弃眼前的利益，就不可能有"得"的结果。放弃和得到永远是辩证统一的。然而，现实中，许多人却常常执着于"得"，忘记了"舍"。要知道，什么都想得到的人，最终可能会为物所累，导致一无所获。

其实，人生要有所得必要有所失，只有学会舍弃，才有可能登上人生的高峰。

你之所以举步维艰，是你背负太重；你之所以背负太重，是你还不会放弃。你放弃了烦恼，便与快乐结缘；你放弃了对名利的执着，便步入了超然的境地。

先吃小亏，然后去占大便宜

有些时候，糊涂处世，主动吃亏，山不转水转，也许以后还有合作的机会，又走到一起。若一个人处处不肯吃亏，处处想占便宜，于是，妄想日生，骄心日盛。而一个人一旦有了骄狂的心态，难免会侵害别人的利益，于是便起纷争，在四面楚歌之中，又焉有不败之理？"吃亏"也许只是指物质上的损失，但是一个人的幸福与否，却往往是取决于他的心境如何。如果我们用外在的东西，换来了心灵上的平和，那无疑是获得了人生的幸福，这便是值得的。

不少好朋友抑或事业上的合作伙伴，由于种种原因，后来反目成仇了，双方都搞得很不开心，结果是大打出手。

有个人却不一样，他与朋友合伙做生意，几年后一笔生意让他们将所赚的钱又赔了进去，剩下的是一些值不了多少钱的设备。他对朋友说，全归你吧，你想怎么处理就怎么处理。留下这句话后，他就与朋友分手了。有风度，而没有相互埋怨，这叫"好合好散"。生意没了，人情还在。

有人问李泽楷："你父亲教了你一些怎样成功赚钱的秘诀吗？"李泽楷说，赚钱的方法他父亲什么也没有教，只教了他一些做人的道理。李嘉诚曾经这样跟李泽楷说，他和别人合作，假如他拿七分合理，八分也可以，那么拿六分就行了。

李嘉诚的意思是，吃亏可以争取更多人愿意与他合作。你想想看，虽然他只拿了六分，但现在多了一百个合作人，他现在能拿多少个六分？假如拿八分的话，一百个人会变成五个人，结果是亏是赚可想而知。李嘉诚一生与很多人进行过或长期或短期的合作，分手的时候，他总是愿意自己少分一点钱。如果生意做得不理想，他就什么也不要了，愿意吃亏。这是种风度，是种气量，也正是因为这种风度和气量，才有人乐于与他合作，他的生意也才越做越大。所以李嘉诚的成功更得力于他的处世交友经验。

吃亏是福，乃智者的智慧。不管你是做老板也好，还是做合作伙伴也罢，旁边的人跟着你有好日子过、有奔头，他才会一心一意与你合作，跟着你干。

有人与朋友一旦分手，就翻脸不认人，不想吃一点亏，这种人是否聪明不敢说，但可以肯定的是，一点亏都不想吃的人，只会让自己的路越走越窄。让步、吃亏是一种必要的投资，也是朋友交往的必要前提。生活中，人们对处处抢先、占小便宜的人一般没有什么好感。占便宜的人首先在做人上就吃了大亏，因为他从来不为别人考虑，眼睛总是盯着他看好的利益，迫不及待地想跳出来占有它。他周围的人对他很反感，合作几次后就再也不想与他继续合作了。合作伙伴一个个离他而去，那他不是吃了大亏吗？

据说有个砂石老板，没有文化，也绝对没有背景，但生意却出奇的好，而且多年长盛不衰。说起来他的秘诀也很简单，就是与每个合作者分利的时候，他都只拿小头，把大头让给对方。如此一来，凡是与他合作过一次的人，都愿意与他继续合作，而且还会介绍一些朋友，再扩大到朋友的朋友，也都成了他的客户。人人都说他好，因为他只拿小头，但所有人的小头集中起来，就成了最大的大头，他才是真正的赢家。

"吃亏是福"不是句套话，尤其是关键时候要有敢于吃亏的气量，这不仅会体现你大度的胸怀，同时也是做大事业的必要素质。把关键时候的亏吃得淋漓尽致，才是真正的赢家。

以自己的真情赢对方的"回报"

真诚是相互的，你真心实意地对人付出热情，对方就会把你当成真正的朋友，并以他的真诚作为回应。

《太阁记》是日本历史上的名将丰臣秀吉的传记，其中有一段极有趣的插曲是"短矛和长矛比赛的故事"。

有一天，秀吉的主公信长的专教矛术的武师，主张作战时使用短矛较有利，但是木下滕吉郎（秀吉）却力说在战场上使用长矛较有利，二者争执不下，互不相让。于是信长各派一小队士兵给武师和滕吉郎二人，交代他们各训练3天后举行一场比赛，用以证明长矛短矛哪一个较有利。那一位矛术大师从第一天起就对部下士兵施以严厉的训练，开口闭口就是：

"这个地方不对，那个地方不对。"

"那种刺法，违反了矛术原则。"

"用力刺，再用力刺！"

最后甚至说："你们这些士兵就是缺乏武术的涵养，真是不成材的无能东西……"

就这样，他不停地数落士兵们的缺点，第二天、第三天也是同样的严格训练，使士兵们身心俱感疲乏不堪。

"管他什么鬼比赛，输赢对我们来说有什么关系，比赛时只要随便比划两下，应付应付就好。我们安分地做我们的小兵吧！每天如此严厉的训练，怎么吃得消？"

武师手下的士兵们已然完全丧失了斗志。

滕吉郎这一方面如何呢？第一天，他先吁请部下的士兵们大家通力合作，然后说：

"长话短说，大家先来开怀畅饮，预祝我们旗开得胜！"

于是大开筵席，他夸奖士兵们膂力强大、体格魁梧……大大地鼓励了一番。

第二天也是大略训练了一下，就解散了。在解散之前，滕吉郎依然是大大地犒劳了士兵们一番，一边喝酒，他一边告诉他们说："在战场上，矛不只是用来刺人的，你们可以任意挥舞，打敌人的脚，刺敌人的胸膛，打得敌人翻滚在地，只要达到目的，任何用法都可以。"

第三天仍然是简单地做了个总复习，滕吉郎鼓舞激励大家说：

"大家再喝一杯，好好地培养体力，明天的比赛一定可以获胜。"

三天以来，士兵们天天吃的是山珍海味，体力充足，精神百倍，滕吉郎又如此地鼓舞、关心他们，于是他们每个人在心中都暗暗发誓，非替滕吉郎打个胜仗不可。

御前比赛的结果，不用说，滕吉郎这一队获得大胜。

真诚对人其实是从一些小事上开始的，把别人的事多放在心上，不要总是对看似微不足道的小事情漠不关心。罗斯福总统为什么能受到那么多人的喜爱，就是因为他总是真心实意地对他们表示关心。

有一天，一位黑仆的妻子问罗斯福：

"鹌鹑是一种什么鸟？"

总统非常亲切、详细地解说有关鹌鹑的一切给她听。过了不久，总统打了个电话到仆人的家里，告诉仆人的妻子：

"现在刚好有鹌鹑在窗外，你赶快过来站在窗户边看看。"

真诚对人还要经常留意他人的兴趣爱好。

不论什么时候，只要你看到与某人的特殊兴趣有关的文章，你都可以把它剪下来或者复印一份，然后送给有关的人。这是与人保持交往的一种极好的方式，而不要仅在你需要获得某种关心时才打电话给他，没有什么比这样更糟了。当你送给他们一些感兴趣的内容时，你可以在需要某些帮助的时候随时打个电话。他们将会记住是你送给他们剪贴文章，也许他们还会向你表示"我能为你做些什么呢"。

总之，真诚是相互的，要获得朋友的诚心就要主动献上自己的一份诚挚的关怀。

给人一份情，让人还上一辈子

士为知己者死，女为悦己者容。士为知己者死，是因为他欠下了一笔永远也还不完的人情债。

公元前 239 年，燕国太子丹在秦国当人质，秦国对他很不友好，太子丹对此怀恨在心，偷偷逃回燕国，于是秦国派大军向燕国兴师问罪。太子丹势单力薄，难以与秦兵对阵，为报国仇私恨，他广招天下勇士，去刺杀秦王。

荆轲是当时有名的勇士，太子丹把他请到家里，像招待贵客一样招待他。后来，又对逃到燕国来的秦国叛将樊於期以礼相待，奉为上宾。二人对太子丹感激涕零，发誓要为太子丹报仇雪恨。

荆轲虽勇猛异常，但秦廷戒备森严，五步一岗，十步一哨，且有精兵护卫，接近秦王难于上青天。于是，荆轲就说服樊於期用人头骗取秦王的信任，樊於期依计而行。荆轲带着樊於期的人头和督亢地方的地图，去见秦王，这两件东西都是秦王想要得到的东西。但他未能杀掉秦王，反被秦王擒杀。

樊於期之所以能献头，荆轲之所以能舍命刺杀秦王，都完全是为了回报太子丹的礼遇之恩。

"投桃报李"，"滴水之恩，涌泉相报"，足以说明"恩惠"对人的巨大影响。

春秋时，楚庄王励精图治，国富民强，手下战将众多，个个都肯为他卖命。楚庄王也极力笼络这批战将，经常宴请他们。一天，楚庄王又大宴众将，喝得极其痛快。天色渐晚，庄王命令点上蜡烛继续喝酒，又让自己的宠姬出来向众将劝酒。突然间，一阵狂风吹过，把厅堂里的灯烛全部吹灭，四周一片漆黑。猛然间，庄王听得劝酒的爱姬尖叫一声，庄王忙问何事。宠姬在黑暗中摸过来，附在庄王耳边哭诉："灯一灭，有位将军无礼，偷偷搂抱臣妾。我已偷偷扯掉了他的帽缨，请大王查找无帽缨之人，重重治罪，为妾出气。"

楚庄王听了宠妃的哭诉，表现出很不以为然的样子。他想，怎么能为了爱妃的贞节而使部属受到惩治呢？于是，庄王趁烛光还未点明，便在黑暗中高声说道："今天宴会，盛况空前，请各位开怀畅饮，不必拘礼，大家都把自己的帽缨扯掉，谁的帽缨还在谁就是没有喝好酒！"群臣哪知庄王的用意，为了讨得庄王欢心，纷纷把自己的帽缨扯掉。等蜡烛重新点燃，所有赴宴人的帽缨都没了，根本就找不出那位调戏宠妃的人。就这样，调戏庄王宠妃的人不仅没有受到惩罚，就连尴尬的场面也没有发生。按说，在宴会之际竟敢调戏王妃，堪称杀头之罪了。楚庄王为什么故意为他开脱，不加追究呢？他对王妃解释说："酒后失态是人之常情，如果追查处理，反会伤了众人的心，使众人不欢而散。"

时隔不久，楚庄王借口郑国与晋国在鄢陵会盟，于第二年春天，倾全国之兵围攻郑国。战斗十分激烈，历时三个多月，发动了数次冲锋。在这场战斗中有一名军官奋勇当先，与郑军交战斩杀敌人甚多，郑军闻之丧胆，只得投降，楚国取得胜利。在论功行赏之际，楚庄王才得知，奋勇杀敌的那名军官名叫唐狡，就是在酒宴上被宠妃扯掉帽缨的人。他此举正是感恩图报啊！

容人之过，方能得人之心。有过之人非常希望得到他人的宽容和友谊，希望得到悔过自新的机会。这种需要一旦得到满足，其对立情绪便会立即消失，感恩戴德，"得人滴水之恩，必当涌泉相报"的情感很快在心理上占据主导地位。在这个基础上，稍加引导，就会产生像"戴罪立功"那样的心理效果。

其实，有时给别人一些小的恩惠和人情对你来说只是举手之劳，并不费多少力气，可是对别人来说却是一种莫大的安慰，必要时他会舍命来报答你。

共同利益是消除隔阂的桥梁

一般而言，在求人办事的过程中，求人者处于不受欢迎的地位。那么，什么可以作为消除隔阂、沟通关系的桥梁呢？那就是共同利益。如果能洞悉对方的利益所在，采用明修栈道的方法，告之以利，使求人的过程变成寻求共同利益的过程，肯定会收到良好的效果。

张武是一家公司的人力资源总监。一天早上，一名年轻有为的员工走进他的办公室，对他说自己刚接到一家大公司的录用通知，这家公司承诺提供更好的待遇和福利。这位员工希望张武在他离职之前能够安排好接任的人选。

　　张武知道，那家公司是用高薪来做钓饵，这一点自己的公司办不到，再说以目前这位年轻人的职位和对公司的贡献，还不值得投这个"资"。不过考虑到这位年轻人今后对公司的作用，张武开诚布公地与他进行了交流。

　　他首先答应可以将年轻员工的薪金略微提高。他指出：以年轻人目前在公司的职位，将来的升迁潜能很大。虽然目前本公司所提供的薪金与别的公司相比要低一些，但公司不会亏待它的任何一位成员。如果年轻人能胜任当前的工作，那么根据公司的奖励制度，薪金就会逐年调高。

　　接着，他语气一转，说道，年轻人考虑要接受的那份工作实际上是死路一条。虽然那家公司比本公司愿意提供的薪水要多些，不过，如果他接受那家公司的工作，那么他将来在那家公司的职位，将很难有机会继续提升。这并非说明他能力不足，而是这一新的职位将来并没有升迁机会。他继续告诉年轻人，他想加入的那家公司是个家族企业，其中的成员大多攀亲带故，一个外人很难打入权力核心。

　　张武这一番语重心长的话让年轻人似有所悟，他也知道张武并不是在开空头支票，因为张武说的都在情在理，都是符合实际的。几天以后，这位年轻员工又回到了张武的办公室，告诉他自己已经放弃了新的工作，决定仍然留在公司里。

张武在同年轻员工的这次交谈中，能够说服年轻有为的员工留下来，基本上就是靠采用开诚布公的方法，分析年轻员工去与留中的利弊得失。既有"软"手段，承诺加薪，描绘美好前景；又有"硬"手段，指出跳槽的短期风险和长期风险。由于他态度中肯，且又语中要害，虽然没有满足年轻员工眼下的种种额外要求，但还是达到了挽留年轻员工继续为公司服务的目的。

所以，如果你需要一个支持者或者同盟的帮助，不要提醒他你在过去曾经给予过他什么帮助，也不要让他想起你的那些感人事迹。如果那样，他会想尽办法忽视你、躲避你。相反，在必要的时候，揭露一些真相，指出你将会给他们带来什么好处，并且刻意将这一点强调出来。当他从中看到了自己可能获得的一些利益时，他就会热情地回应你。

互惠互利，保持良好交往的保证

在第一次世界大战中，有一种德军特种兵的任务是深入敌后去抓俘虏回来审讯。

当时打的是堑壕战，大队人马要想穿过两军对垒前沿的无人区，是十分困难的。但是一个士兵悄悄爬过去，溜进敌人的战壕，相对来说就比较容易了。参战双方都有这方面的特种兵，经常派去抓一个敌军的士兵，带回来审讯。

有一个德军特种兵以前曾多次成功地完成这样的任务，这次他又出发了。他很熟练地穿过两军之间的地域，神不知鬼不觉地出现在了敌军战壕中。

一个落单的士兵正在吃东西，毫无戒备，一下子就被缴了械。他手中还举着刚才正在吃的面包，这时，他本能地把一些面包递给对面突然出现的敌人。这也许是他一生中做得最正确的一件事了。

面前的德国兵忽然被这个举动打动了，并导致了他奇特的行为——他没有俘虏这个敌军士兵回去，而是自己回去了，虽然他知道回去后上司会大发雷霆。

这个德国兵为什么这么容易就被一块面包打动了呢？人的心理其实是很微妙的。人一般有一种心理，就是得到别人的好处或好意后，就想要回报对方。虽然德国兵从对手那里得到的只是一块面包，或者他根本没有要那个面包，但是他感受到了对方对他的一种善意，即使这善意中包含着一种恳求。但这毕竟是一种善意，当这份善意被很自然地表达出来时，他瞬间就被打动了。他在心里觉得，无论如何不能把一个对自己好的人当俘虏抓回去，甚至要了他的命。

其实这个德国兵不知不觉地受到了心理学上"互惠原理"的

左右。这种得到对方的恩惠就一定要报答的心理，就是"互惠原理"，这是人类社会中根深蒂固的一个行为准则。

著名的考古学家理查德·李凯认为，人类之所以被称为人类，互惠原理功不可没。他说："我们人类社会能发展成为今天的样子，是因为我们的祖先学会了在一个以名誉作担保的义务偿还网中，分享他们的食物和技能。"正是由于有了这样一张"网"，才会有劳动的分工，不同商品的交换。互相交换服务使人们得以发展自己在某一方面的技能，成为这方面的专家和能手，也使得许多互相依赖的个体得以结合成一个高效率的社会单元，从而推动了社会的进步。

互惠原理是人类社会永恒的法则，它是各种交易和交往得以存在的基础。我国古代讲究的礼尚往来，就是互惠原理的一种表现。人与人之间的互动，就如坐跷跷板一样，不能永远是某一端高，而是要高低交替。一个永远不肯吃亏、不肯让步、不肯与别人互惠的人，即使真的暂时赢了、得到了不少好处，从长远来看，他也一定是输家，因为没有人愿和他玩下去了。

信任是合作共赢的基础

合作伙伴就得统一战线，齐心协力打败对手。轻易怀疑你的合作伙伴等于是自挖阵脚，不战自溃。

灰兔在山坡上玩，发现狼、豺、狐狸鬼鬼祟祟地向自己走来，急忙钻到自己的洞穴中避难。灰兔的洞一共有三个不同方向的出口，为的是在情况危急时能从安全的洞口撤退。今天，狼、豺、狐狸联合起来对付灰兔，它们各自把守一个出口，把灰兔围困在洞穴中。

狼用它那沙哑的嗓子对着洞中喊道："灰兔你听着，三个出口我们都把守着，你逃不了啦，还是自己走出来吧。不然我们就要用烟熏了，还要把水灌进去！"

灰兔想，这样一直困在洞里也不是个办法，如果它们真的用烟熏、用水灌，情况就更加不妙。忽然，灰兔灵机一动，想出了一个妙计。它来到狐狸把守的洞口，对着洞外拼命地尖叫，就像被抓住后发出的绝望惨叫声。

狼和豺听到灰兔的尖叫声，以为是灰兔被狐狸抓住了。它们担心狐狸抓到灰兔后独自享用，就不约而同地飞奔到狐狸那里，想向狐狸要回属于自己的一份。聚到一起后，狼、豺、狐狸忽然意识到灰兔可能是用的声东击西之计时，急忙又回到各自把守的洞口继续把守。它们哪里知道，灰兔趁刚才狼到狐狸那里去的时候，早已从它把守的洞口飞奔出来，躲到了安全的地方。

灰兔把自己脱险的经过告诉了刺猬，刺猬说："你真聪明，你是怎么想出这个妙计来的呢？"灰兔说："因为我知道，狼、豺、狐狸虽然结伙前来对付我，但它们都有贪婪的本性，互不信任，各怀鬼胎，我正是利用了这一点。"

没有信任的团队，是无法形成强大的向心力和凝聚力的，在竞争中，他们总会被对手找到漏洞，各个击破，落得失败的下场。

如果你相信别人，别人也会相信你。你以什么样的态度或方式对待别人，别人也会以什么样的态度或方式来对待你。信任是合作的基础，而相互合作的人们就像战场上同一战壕的战友，你要相信你的"战友"。

爱德华兹·戴明说："要是没有信任感，人与人之间或是团队与团队、部门与部门之间就没有合作的基石。""没有信赖的基础，每个人都会试图保护自己眼前的利益；但是这么做却会对长期的利益造成损害，并且会对整个体系造成伤害。"无以计数的企业曾经在爱德华兹·戴明的建议协助之下，让公司的表现达到最高的境界。爱德华兹·戴明的经验显示出，信赖对于品质、创新、服务和生产力的重要性在全世界都是同样适用的。

信赖是人与人之间最高贵、最重要的情谊，人们最值得骄傲的就是自己可以受到别人的信任，自己的所作所为能够无愧于心，并与人坦诚地沟通互信。学习去信任我们的"战友"，同时也学习让自己成为值得信任的人。

学会分享，快乐合作

互惠互利的实质就是分享。现代社会是一个充满竞争的社会。"物竞天择，适者生存"，可以说，竞争是无处不有、无时不在的。竞争者与合作者作为竞争与合作的主体及对象，与竞争合作相伴而生、相伴而灭。一个人学会与别人共享自己的力量，人生的成功才能得到最完美的发挥。

成功必须从欲望出发，而欲望是通过行动来实现的。成功的开始，就在于我们独处时的所思所为，而真正成功的奉献，则会凌驾于一己之私之上。圆通成熟的个性，不可避免地会在对服务人群的献身上表现出来，它开始时可能是一种内在的精神较量，继而向外寻求更丰富的知识和谅解。成功并不是我们独自的拥有，也不是行为的本身，它是用来判定我们本身价值的东西。

成功最终必然会影响到他人和我们自己的生活。

当一个人能公开承认，并非自己能独立获得现有的成就，所以不能独享荣耀时，一种完美和谐的感觉会在其内心和人际关系中逐渐浮现。

只要当过足球守门员的人都知道，球队的胜利不是他一个人的功劳。大部分的足球守门员都了解队友在前线防守的重要性。因为有了队友的防卫，球才不会轻易地被对方抢走，自己才可能打出漂亮的成绩。那些清楚这个事实，并能公开、大方地赞美队友的人，是值得嘉许的，因为在他们身上具有令人赞赏的风度及雅量。

一盘散沙没有太大的作用，但是如果建筑工人把它按比例掺在水泥中，就能成为建造高楼大厦的水泥板和水泥墩柱；如果化工厂的工人把它熔融、成型冷却，就变成晶莹透明的玻璃。单个人犹如沙粒，只要与人合作，就会起到意想不到的变化，变成有用之材。要共赢，就要学会与人合作，从而使自己的事业向前发展。

关于分享合作，有这样一则故事：

从前，有两个饥饿的人得到了一位长者的恩赐：一根渔竿和一篓鲜活硕大的鱼。其中一个人要了那篓鱼，另一个要了渔竿，于是，他们分道扬镳了。

得到鱼的人原地就用干柴搭起篝火煮起了鱼，他狼吞虎咽，还没有品出鲜鱼的肉香，连鱼带汤就被他吃了个精光，不久，他便饿死在空空的鱼篓旁。另一个人则提着渔竿继续忍饥挨饿，一步步艰难地向海边走去，可当他看到不远处那蔚蓝色的海洋时，他连最后一点力气也使完了，他也只能眼巴巴地带着无尽的遗憾撒手人间。

又有两个饥饿的人，他们同样得到了长者恩赐的一根渔竿和一篓鱼。只是他们并没有各奔东西，而是商定共同去找寻大海。他俩每次只煮一条鱼，经过遥远的跋涉，来到了海边，从此，两人开始了捕鱼为生的日子。几年后，他们盖起了房子，有了各自的家庭、子女，有了自己建造的渔船，过上了幸福安康的生活。

无论是得鱼还是得渔竿，都只是解决一部分问题，两者拼合起来，才能收到应有的效果。前两个人不懂这个道理，结果被饿死。我们若想成功，就要学习后两个人的合作精神。

实际上，任何一个人，任何一个民族、国家都不可能独自拥有人类最优秀的物质与精神财富，而随着人们相互依赖程度的进一步加深，封闭的个人和孤立的企业所能够成就的"大业"将不复存在，合作与团队精神将变得空前重要。缺乏合作精神的人将不可能成就大事业，更不可能成为知识经济时代的强者。我们只有承认个人智能的局限性、懂得自我封闭的危害性、明确合作精神的重要性，我们才能有效地以合作伙伴的优势来弥补自身的缺陷，增强自身的力量，才能更好地应付知识经济时代的各种挑战。

抓住别人的"把柄"是掌控他的关键

在为人处世中，如果你抓住了对方的把柄，他就得老老实实地听你的。因为你已经断了他的后路，对方在进攻无望、后退无路的情况下，只好任你摆布，为你所用了。

汉代的朱博本是一介武将，后来调任地方文官，利用一些巧妙的手段，制服了地方上的恶势力，被人们传为美谈。在长陵一带，有个大户人出身的名叫尚方禁的人，年轻时曾强奸别人的妻子，被人用刀砍伤了面颊。如此恶棍，本应重重惩治，只因他用重金贿赂了官府的功曹，而没有被查办，最后还被调升为守尉。

朱博上任后，有人向他告发了此事。朱博觉得太岂有此理了！就召见尚方禁。尚方禁心中七上八下的，硬着头皮来见朱博。朱博仔细看着尚方禁的脸，果然发现有疤痕，就将左右屏退，假装十分关心地询问究竟。

尚方禁做贼心虚，知道朱博已经了解了他的情况，就像小鸡啄米似的接连给朱博叩头，如实地讲了事情的经过。头也不敢抬，只是一个劲地哀求道："请大人恕罪，小人今后再也不干那种伤天害理的事了。"

"哈哈哈……"朱博突然大笑道："男子汉大丈夫，本是难免会发生这种事情的。本官想为你雪耻，给你个立功的机会，你能效力吗？"

于是，朱博命令尚方禁不得向任何人泄露今天的谈话情况，要他有机会就记录一些其他官员的言论，及时向朱博报告。尚方禁俨然成了朱博的亲信、耳目了。

自从被朱博宽释重用之后，尚方禁对朱博的大恩大德时刻铭记在心，所以，干起事来特别卖命。不久，就破获了多起盗窃、强奸等犯罪案件，工作十分见成效，使地方治安情况大为改观。朱博遂提升他为连守县县令。又过了相当长一段时期，朱博突然召见那个当年收受尚方禁贿赂的功曹，对他进行了严厉训斥，并拿出纸和笔，要那位功曹把自己受贿的事通通全部写下来，不能有丝毫隐瞒。

那位功曹早已吓得筛糠一般，只好提起了笔，写下自己的斑斑劣迹。

由于朱博早已从尚方禁那里知道了这位功曹贪污受贿的事，所以，看了看功曹写的交代材料，觉得大致不差，就对他说："你先回去好好反省反省，听候裁决。从今以后，一定要改过自新，不许再胡作非为！"说完就拔出刀来。

那功曹一见朱博拔刀，吓得两腿一软，又是打躬又是作揖，嘴里不住地喊："大人饶命！大人饶命！"只见朱博将刀晃了一下，一把抓起那位功曹写下的罪状材料，三两下就将其削成纸屑，扔到纸篓里去了。

此后，那位功曹终日如履薄冰、战战兢兢，工作起来尽心尽责，不敢有丝毫懈怠。

许多老谋深算的官员都知道，抓刀要抓刀柄，制人要拿把柄。要让人受制于己，就要抓住别人的短处和把柄，在对手身上发现弱点，让他为己所用，这种方法十分奏效。

韬光养晦，使对方失去戒心

人虽说有理性、有智慧，能够在清醒的时候分辨是非祸福，然而一旦志得意满了，又往往容易一叶障目，因一时的得意而忘乎所以，从而使自己陷入进退两难的境地。

南下打工的汪明只用了两年的时间就成了一家公司的副总经理。不可否认，他是凭真本事坐上这个位子的，用他的话说他所取得的一切成绩都是被逼出来的。他自小就父母双亡，是外祖母一手将他带大的，那时的日子过得很苦，但外祖母还是供他读完了大学。他必须努力工作，用最好的成绩报答外祖母的养育之恩。

不论是从一开始做普通职员，还是后来做副总经理，汪明都表现得非常出色。后来他发现总经理李玲坐在那位子上可以说是形同虚设，每次汪明向她请示工作时，李玲都认真听他说话，最后只说一句："你放心去做吧。"算是应允了。这样，一切事几乎都是汪明在做决策，但一遇上签合同之类的事时，客户总要和总经理面谈，令汪明很不服气：不就是老板的小姨吗？一点本事也没有，却硬是占个蹲位不拉屎。

汪明想谋总经理位置的念头一现，就不想放弃了。他明明知道李玲是老板的小姨，这事不太好办，但随着为公司赚钱的数目的增加，他的信心也越来越足了，他想：老板想给小姨工资，放在哪个位置都可以办得到，何必一定要做总经理呢？

老板是个笑面人，几次听了汪明的怨言，都不动声色，只是笑问："我那小姨不会过多干涉你的工作吧？"汪明心想：虽然如此，但总给我留下一块心病，就答："也许将李总放在别的位置上，公司的收益会更加好。"老板脸上依然笑着，但心里已有了盘算。

后来，老板真劝小姨别做总经理了，这下惹火了李玲，作为大股东的李玲越想越气，不久就炒了汪明的鱿鱼。汪明万万没有想到事情会是这样的结果，他始终想不明白：这究竟是怎么啦？

其实，成功也就意味着你在社会的阶层楼梯上又往上攀登了一层。但是越往上，竞争就越激烈，就好比一个公司，上层领导的位置不可能像普通职工的位置一样多，如果你想往上攀登，就需要等待你的上司把他的位置留给你。

可是，如果你的上司得知你在等着他走了好顶上去，他一定先把你赶出去。因此，"韬光养晦"是大有学问的。在"韬光养晦"的时候，要有耐心，还要有信心，更重要的是要善于伪装。表面上看自己并没有野心，工作又要勤勤恳恳，换句话说就是要善于装"孙子"。自己首先不要小看"孙子"，只有"孙子"才有做"爷"的希望，也才有做"爷"的资格。因此，有做"孙子"的机会一定不要放过，而且"孙子"还要做得有滋有味、像模像样。为此，一定要练好"韬光养晦"的功夫，使对方对你的"不良居心"失去戒心。

第四章

稳中求胜，以和为贵从容办事

诚信是形成持久关系的基础

有人把诚信看得非常重要，视它为自己成功必不可少的一个因素，这是非常正确的。不讲求诚实，不仅仅会对别人造成损失，同时也会使自己失去很多东西，而且它还会影响你与他人更进一步的交往，使人们都逐渐地远离你。

与人相处中，诚信是一个非常重要的交往原则，人们应该以古人为榜样，做到"言必信，行必果"。什么事情都要说到做到，做不到的就不要轻易许下承诺，一旦承诺不能兑现，一定要实事求是地跟对方讲明其中的原因，求得对方的谅解。

现在的一些年轻人认为：一个人的诚信建立在金钱的基础上，一个人有钱、有雄厚资本，就象征着有诚信。这种想法是对诚信的畸形理解。讲诚信在于身体力行，一个人是否讲诚信不取决于他的财富，而取决于他对待别人是否有一颗诚实守信的心。

现在，社会越来越开放，人际交往越来越频繁，要获得别人的认同，不断取得信任，就应该"己所不欲，勿施于人""己欲立而立人"，真诚待人。要知道，不管时代怎么变，诚信作为为人处世的基本准则不会变，也不能变。因为诚实守信已经被人们定为一种做人与为人的美德，人们常以讲信用来表达对人的尊敬，言而无信的人历来都是人们的谴责的对象。言而有信、受人尊敬的人，自然会有好的人缘，而言而无信、受人指责的人没有好人缘也是必然的。

中国人从古至今都把信用看得相当重要，并且在长期的生活实践中，总结出了许多关于守信的名言佳句。如《论语》中有："与朋友交，方而有信。"宋代理学家程颐说："人无忠信，不可立于世。"还有"一言既出，驷马难追""一言九鼎""一诺千金"等，这些都告诫人们要守信。因此，不要欺骗别人，免得对方对你的为人产生怀疑，进而对你个人全盘否定。

爱耶伯劳曾说过："信用仿佛是一条细线，一时断了，想要再接起来就难上加难。所以，你要使用信用这笔人生存款时，千万不要透支。当你的信用值为负数时，你可能就变成了一个'穷光蛋'。"

平时一旦对别人有所承诺，就一定要恪守信用。这说起来简单，做起来却相当困难。只要稍有疏忽，就可能会失信于人。所以，要想做一个守信的人就不要轻易许诺。

在许诺之前人们应先对自己的能力作出正确的衡量，问问自己："我真的能履行那些诺言吗？"如果不确定，那就不要拍着胸脯装硬汉。应该用"我尽力""我试试看"来回答。许诺是一件非常重要的事，答应别人就如同欠了别人的一样，因此，千万不要轻率地向别人许诺。

对于已经许诺的事，就应该认真付出，努力地去实现它。要知道，如果无法守信，即使理由很充分，别人也会对你产生不值得信任的印象，这自然会有损你的形象，影响你的事业。

如果你兑现不了你曾许诺的事，或遇到了严重的、不可预见的困难，一时无法做到承诺，就应该及时通知对方，这样可以避免不必要的误会。千万不要打肿脸充胖子，到最后丢掉了自己的信誉。你应当负起责任来，主动采取补救措施，把损失控制到最小，只有这样才会把失信于人的不良影响降到最低点。

闲谈不搬弄是非

闲谈最能考验一个人的为人，老搬弄是非者就是是非之人。

闲谈是促进人与人关系、加强团结合作的工具。

在谈话中，我们可以获得知识，获得情感。然而，在闲谈中，有时也会发生不幸的结局。病从口入，祸从口出，道理谁不晓得？有时口舌的祸害危险性的确不小，一句不负责任的话，弄不好会使人丧失生命，这绝不是危言耸听。

生活中有那么多人喜欢乱说话，很让人讨厌。比如某甲听到某少女不洁的谣言之后，当成新闻到处传播，这可能会给那无辜少女以巨大的压力而酿成无端的悲剧。

闲谈中，更要回避对方忌讳的事。被击中痛处，对任何人来说，都不是令人愉快的事。不去提及他人弱点，是做人应有的美德。

一般人即使在盛怒之下，通常也不会做出太出格的事，但也有人会在激怒下拿起手边的玻璃杯往地上摔。玻璃杯摔完了就没有其他东西可丢，所以充其量也只不过是自己损失几个杯子而已。换句话说，就是你不伤害别人，发多大的火、说什么话都没有关系。

可是，商场上或一般社会的现象又如何呢？某些特殊人物盛怒时那真是相当可怕的事情。平日相当友善的同伴，虽不至于大吼："杀掉那家伙！"但因为个人的立场和利害关系，至少也会演变成"封杀你"的结果；有些人为了公司的前途，不得不牺牲别人。对于公司来说，"封杀你"意味着调职、冷冻、开除等人事变动的宣告。如果你也是经商人士的话，"封杀你"就是代表对方的拒绝往来或"关系冻结"。

由此，我们可以得知，无论人格多高尚、多伟大的人，身上都有"逆鳞"存在。只要我们不触及对方的"逆鳞"，就不会惹祸上身，还能平步青云。所谓的"逆鳞"就是我们所说的"痛处"，也就是缺点、自卑感。在人际关系上，我们有必要事先研究，找出对方"逆鳞"所在，以免说话的时候有所涉及。

所以，说话的时候一定要警惕祸从口出，两个人交谈，尽量避免谈论第三者，如果所谈之事不可避免地涉及他人，也要掌握分寸，与事有关的方面可以谈，但只限于此。

在与人闲谈中，应不嘲笑对方的一时失态，不批评对方的一时失误。经常给别人留下台阶，才是真正的君子之风。久而久之，与你打交道的人都会认为你是一个宽宏豁达、胸襟磊落的人。这样你会受到大家的欢迎，做起事来也比较容易。

心平气和，以柔克刚

《红楼梦》里的林妹妹就不善于与姐妹们相处，搞到最后，谁都知道她小心眼，得让着点。

一次，林黛玉与贾宝玉正说话，湘云走来，笑道："二哥哥，林姐姐，你们天天一处玩，我来了，也不理我一理。"黛玉笑道："偏是咬舌子爱说话，连个'二'哥哥也叫不出来，只是'爱'

哥哥、'爱'哥哥的。回来赶围棋儿，又该你闹'幺爱三四五'了。"宝玉笑道："你学惯了她，明儿连你还咬起来呢。"史湘云道："她再不放人一点儿，专挑人的不好。你自己便比世人好，也犯不着见一个打趣一个。指出一个人来，你敢挑她，我就服你。"黛玉忙问是谁。湘云道："你敢挑宝姐姐的短处，就算你是好的。我算不如你，她怎么不及你呢？"黛玉听了，冷笑道："我当是谁，原来是她，我哪里敢挑她。"宝玉不等说完，忙用话岔开。

这位林妹妹听到稍不合自己脾胃的话，便反唇相讥。更别说当面称赞别人比她好，所以，有时她病了、闷了，盼个姊妹来说话，却鲜有人来。就算姐妹们来问候她，说不得三五句话她又觉得不耐烦了，虽然大家知道她受不得委屈，不苛责她，但是内心里是不喜欢她这么做的，以致到后来，容忍大度的宝钗成了众望所归的对象，黛玉未免落了单。

如果林妹妹心平气和，凡事不挑事端，不去得罪姐妹们，那可真成为女人中的极品了，又有文采又有内涵，人生自会是另一种结局。

当别人正在气头上的时候，你千万不能以刚克刚、添油加醋，烧旺对方的火焰，那你只能"吃不了兜着走"。最好的办法就是：心平气和，以柔克刚。

"以柔克刚"是孙子兵法中的一招。"以柔克刚"，是和一个爱发脾气的人相处的最好办法。对方越是发怒，你越发镇定温和；越是紧张的时候，越应保持头脑理智。这样，你才能发觉对方因兴奋过度而显露的种种弱点，而一一加以攻破。

这就好比瓦沟里淌下的流水，一点一滴地落在刚硬的巨石上，最初还未见得有什么现象发生，久而久之，巨石就会出现凹坑，甚至断裂。这就是滴水所爆发出的威力，不可阻挡的"滴水穿石"！

"以柔克刚"不是以硬碰硬，以刚克刚，它体现在特定的场合和特定的人物的周旋。好比走路，经常可以遇到各种障碍，对横在面前的大石头，是搬开它，绕着走，还是爬过去？只有权衡利弊，才能得出结论。这样才能胸有成竹地一一绕过它们，快速前进。

"以柔克刚"是智慧的、成功的为人、处世、用兵之道。

奥斯卡金像奖获得者——好莱坞明星保罗·纽曼，早期曾拍过一部失败影片《银酒杯》，他的家人也不留情面地把它评为"一部糟糕的影片"。若干年之后，洛杉矶电视台突然决定重新在一周内连续放映该片，显然是有意在公众面前损毁他。

纽曼对此经过冷静思索后，来了个出奇制胜，后发制人。他自费在颇有影响力的《洛杉矶时报》上连续一周刊登大幅广告："保罗·纽曼在这一周内每夜向你道歉！"此举轰动全美，他不仅并未因此出丑，反而得到了绝大多数人的支持、谅解，从而声誉大增，好评如潮，后来终于获得第59届奥斯卡金像奖。

纽曼的胜利取决于冷静、心平气和和有勇气。在当众受辱之后，既不火冒三丈、怒发冲冠，也不萎靡不振，他保持了冷静，仔细、认真地分析面临的困境和挑战，找出主要矛盾，然后奋起反击。公开坦然承认自己过去的失败，非但丝毫无损于自己的利益，反而使对方陷入被动的境地，暴露出其居心叵测的险恶用心。

如何让自己心平气和地与人相处呢？

1. 轻声细语

它可以表现出说话者的尊敬、谦恭、谨慎和文雅。在和别人交谈时，轻声细语可以缩短人与人之间的感情距离，密切双方的关系。有时，它还能避免一些可能会招致的麻烦。当然，用它来坚持意见、反驳别人、维护正义和尊严，亦或表示强调却是万万不能的。

2. 慢条斯理

这种语调宛如柔和的月光、涓涓的泉水，由人心底流出，轻松自然、和蔼亲切、不紧不慢，能给听者以舒适、安逸、柔和、亲密、友好、温馨的感觉。人们在请求、询问、安慰、陈述意见时常使用这种慢条斯理法，它可以弘扬男性的文雅大度和女性的阴柔之美，尤其是在抒发情感时，这种声和气的运用更具有一种迷人的魅力。

该说"不"时就说"不"

陈郁是大学教师，住在校内教工单身宿舍内，平时学校的教学任务不是很重，因此，业余时间陈郁也常常给一些出版社或期刊编编书、写写稿子，所以每当接到一个任务后就会有段时间忙得不可开交。她的朋友倩倩，正在读在职研究生，因为学校离家很远，所以有课的时候由于回家不方便就经常住在好友陈郁那里。倩倩平时的工作也很忙，碰到学校课多作业又堆积如山的时候，她总是求陈郁帮她完成作业，陈郁为了朋友哪怕熬夜也要帮倩倩完成。但有一次的情形是，陈郁过两天就要交稿，眼看着火烧眉毛了，这时倩倩又来求救了。陈郁望着朋友无助的眼神和哀求的话语，实在下不了狠心拒绝她，但自己的事又实在是迫在眉睫。这令陈郁左右为难。

到底该怎么办呢？是"Yes"还是"No"呢？

事实上，那些顾于情面不敢说"不"的人，其实就是自己意志不坚的人。这些意志不坚的人，通常认为断然拒绝对方的请求未免显得过于不留情面，而若是在答应后由于客观条件且又力不从心难以履行诺言时，再改变心意拒绝对方，显然为时已晚。因为等确定无法做到允诺的事情后再提出拒绝，给人的印象会是反复无常，甚至需要付出相当的代价去弥补缺失或兑现承诺。如果这件事只限于个人的烦恼，还称得上不幸中的大幸，若因此事而与请托的对方发生不愉快，甚至产生怨恨、敌视，演变成双方人际关系上的矛盾与冲突，岂不更是得不偿失？

生活中对于别人拜托你而你又力不能及的事，究竟该如何面对呢？简单地说，只要有足够的勇气和智慧，不要顾忌脸面，该说"不"时就说"不"，你就能够轻松过关了。

固然，一开始即斩钉截铁地说"不"，确实会破坏形象，然而不要因此而放弃表示拒绝的权利。即使这样做会破坏他人对自己的期望或好感也在所不惜，何必勉强自己成为偶像型的人物呢？

人要想活得轻松，就最好不去承受无谓的"人情包袱"，不要因为拒绝了别人而有愧于心，不要为说自己对别人的请求无能为力而感到难为情，不要因为扫了别人的面子而尴尬，不要违背自己的愿望去硬充"大头"，不要怕扮"黑脸"。

拒绝别人要得法。例如一个品行不良的朋友来向你借钱，你知道如果借给他是肉包子打狗有去无回；一个相熟的商人向你推销物品，你明知买下就要亏本……诸如此类的事，你要毫不犹豫地加以拒绝，可是拒绝之后，就要断交情、被人误会，甚至埋下仇恨的种子。

要避免这种情形发生，唯一的方法便是要运用些聪颖和智慧。学习这种拒绝的方法，要注意：

你应该向对方陈述自己拒绝的理由。

拒绝的言辞最好坚决果断。

不要把责任全推给别人，含糊其辞。

你千万不要伤害他人自尊心，否则他会迁怒于人，让对方明白你的拒绝是在万不得已的情况下说出的。

"两难"问题可以这样回答

"两难"问题就是不论你回答"是"或"否"，都可能给你带来麻烦的那些问题。回答这类问题必须用心。很多时候，问这种问题的人总是别有用心，如果问题来自于你不能得罪的人，或者在公众场合被问到，更会让你左右为难。所以，在回答此类问题时要有适当的方法。

1. 回避正题

在那些不宜完全根据对方的问题来答话的场合，可采用回避正题的模糊回答，它能让你巧妙避开对方问题中的确指性内容，让对方感觉到你没有拒绝他的问题，但又不是他期望的答案。

2. 假装糊涂

"两难"问题中有一种复杂问语，是指利用"沉锚效应"，隐含着某种错误假定的问语。对这种问语，无论采取肯定还是否定的答复，结果都得承认问语中的错误假定，从而落入提问者的圈套。如一个人被告偷窃了别人的东西，但他又死不承认偷过。这时审问者便问："那么你以后还偷不偷别人的东西？"无论其回答"偷"还是"不偷"，都陷入审问者问语中隐含的"你偷了别人的东西"的这个错误假定中。对这类问题，不能回答，只能反问对方，或假装糊涂、不明白对方的意思。

3. 自嘲圆场

有时对于一些"两难"问题，无论怎样回答都会让人觉得颜面无光。此时不妨自嘲一下，给自己圆圆场。

某先生酷爱下棋，但又死爱面子。一次与一高手对弈，连输三局。别人问他胜败如何，他回答道："第一局，他没有输；第二局，我没有赢；第三局，本是和局，可他又不肯。"乍一听来，似乎他一局也没有输：第一局他没输，不等于我输，因下棋还有个和局；第二局我没赢，也不等于我输，还有和局嘛；第三局也不等于我输，本是和局，可他争强好胜，我让他了。

4. 迂回出击法

在现实生活中，对于一些不能得罪的人提出的难题或者无理的要求，不要急于作出正面反击。可以采取迂回的方法，避免与对方发生正面冲突，在抓住对方漏洞的前提下，不动声色地反击，从而反败为胜。

5. 巧用对比

有些问题如果直接回答，无论是哪种答案都不妥，这时，巧用对比不失为一个解脱的好办法。最好能选用一些人们熟悉的事物进行对比，重要的是这些事物恰恰包含或说明了自己的观点或态度。

6. 以相似问题反击

面对别人的刁难，面对"两难"问题，有时不必去苦思冥想，只要采用与他相似的问题进行反击，以其人之道还治其人之身，就可使自己轻轻松松得到解脱。

对于非"左"即"右"的问题，切忌在对方问题所提供的选项中做单一选择，因为无论是"左"还是"右"，都正中了对方的圈套。

怎样应对别人的有意刁难

人生在世不会所有的事都称心如意，在为人处世过程中，难免会碰到一些刁钻古怪之人，他们会在一些正式或非正式场合对你进行有意刁难。如果你恼羞成怒，对刁难者进行指责，就会激起对方的反唇相讥，由此陷入进一步的言语大战。但也不能表现得过于温和，这样会让对方觉得你是一个软弱可欺的人，没准还会找机会再刁难你。

面对别人的有意刁难，既要做到保住自己的面子，又不至于因回敬过头而显得无礼是很难的。所以，我们可以采取恰当而有效的应对措施：

1. 请君入瓮

生活中，当对方蓄意刁难，说出令人难堪窘迫的话时，最好采用请君入瓮的方法，巧用话语把对方也引入这种局面中，然后自身撤退，让对方作茧自缚、自食恶果。

2. 以相同思维反击

当别人的有意刁难让你不能直接回答时，不妨采用与对方一样的方法，照他那样的逻辑，如法炮制地再设一个相同句式的问题来反问对方，这样就巧妙地把球踢还给了对方。

3. 大智若愚

在日常生活和工作中，如果有人在非大是大非的问题上刁难你的话，你大可一笑了之，权当不懂对方的话，而让对方自讨没趣。

1992 年的美国大选，克林顿的对手在电视竞选上攻击他不过是夫人的一个木偶，言外之意是克林顿做不了一家之主，更不够格做一国之主，这句话无疑潜伏着杀机，可谓刁难至极。克林顿回答："不知你是竞选总统还是竞选克林顿夫人？"一句妙答，让故意刁难他的人无言以对。

克林顿这种带点傻气的话，其实是大智若愚的表现，既回避了他人对自年龄太轻不能胜任一个大国总统的怀疑，又回应了对方对其夫人干政的攻击。

4. 巧用反问

巧用反问是应对有意刁难之人的一个普遍、实用的技巧。当对方的问题很难回答或发问的角度很刁钻，你回答肯定、否定都可能出差错时，那就不要回答，你可以把问题再还给对方，巧用反问，将对方一军。

5. 化被动为主动

先有意放松、解除对方的戒备心理，为能牢固地把握主动权打好基础，等到对方上钩了，再予以反击，使对方措手不及。这在应对别人的有意刁难时不失为一个好的办法。

如何摆脱冷遇

在与人交往的过程中，受到冷遇是很常见的。对此，不同的人有不同的反应：或拂袖而去，或纠缠不休，或怀恨在心。有这样的反应也是正常的。但如一概而论，有时就会因小失大，无法进行铺垫，从而影响自己做人办事的效果。因此，了解冷遇的具体情况再做不同的反应，是十分必要的。

若按遭冷遇的成因而分，不外乎3种情况：

一是自感性冷遇，即估计过高，对方未使自己满意而感到的冷落。

二是无意性冷遇，即对方考虑不周，顾此失彼，使人受冷落。

三是蓄意性冷遇，造成的原因是对方存心怠慢，让人难堪。

当你被冷落时，要首先区别情况，弄清原因，然后再从以下对策中选择最合适的一个。

1.自我心理调节

对于自感性冷遇，自己应反躬自省，进行心理调节，实事求是地看待彼此的关系，避免猜度和忌恨于人。

常常有这种情况，在到场之前，自以为对方会热情接待，可是到现场却发觉，对方并没有这样做。这时，人们心里就容易产生一种失落感。

其实，这种冷遇感是自己对彼此关系估计过高、期望太大而形成的。应该说，这种冷遇是"假"冷遇，非"真"冷遇。如遇到这种情况，应自己检点自己，重新审视自己的期望值，使之适应彼此关系的客观水平。这样就会使自己的心态恢复平稳，心安而理得，除去不必要的烦恼。

2. 设身处地

对于无意性冷遇，则应采取理解和宽恕的态度。在交际场上，有时人多，主人又事务繁杂，难免照应不周，特别是各类、各层次人员同席时，出现顾此失彼的情形是常见的。这时，主人照顾不到的人就会产生被冷落的感觉。

当你遇到这种情况时，千万不要责怪对方，更不应拂袖而去。相反，应设身处地为对方想一想，给以充分的理解和体谅。

比如，有位司机开车送人去做客，主人热情地把坐车的人迎进去，却把司机忘了。开始司机有些生气，继而一想，在这样闹哄哄的场合下，主人有疏忽是难免的，并不是有意看低自己，冷落自己。这样一想，气也就消了。他悄悄地把车开到街上吃了饭。

等主人突然想起司机时，他已经吃完饭又把车停在门外了。主人感到过意不去，一再检讨。见状，司机还说自己不习惯大场合，且胃口不好，不能喝酒。这种大度和为主人着想的精神使主人很感动。事后，主人又专门请司机来家做客。此后，两人的关系不但没受影响，反而更密切了。

由此可见，对于无意性的冷遇，应采取理解和宽恕的态度，这种态度引起的震撼会比责备强烈得多。同时，还能感召对方改变态度，用实际行动纠正过失，使彼此的关系得到发展。

3. 针锋相对

对于有意性冷遇，也要从具体情况出发，给予恰当的处理。一般说，当众给来宾冷遇是一种不礼貌的行为，而有意给人冷落那就是思想意识问题了。在这种情况下，予以必要的回击，既是维护自尊的需要，也是刺激对方、批判错误的正当行为。

有这样一个例子：一天，一个人穿着旧衣服去参加宴会。他走进门时，没有人理睬他，更没人给他安排座位。于是，他回到家里，把最好的衣服穿起来，又来到宴会上。主人马上走过来迎接他，给他安排了一个好位子，为他摆了最好的菜。

纳斯列金把他的外套脱下来，放在餐桌上说："外衣，吃吧。"

主人感到奇怪，问："你在干什么？"

他答道："我在招待我的外衣吃东西。你们这儿的酒和菜，不是给衣服吃的吗？"

主人当场觉得很难堪，可也没有办法。

4. 抓住对方的要害

与傲慢者打交道最容易遭冷遇，这时就可以抓住对方之要害给以指出，打掉他赖以生傲的资本，这样对方就会从自身的利益出发，放下架子，认真地把你放在同等地位上交往。

1901 年，美国石油大王洛克菲勒的儿子小约翰·戴·洛克菲勒，代表父亲与钢铁大王摩根就梅萨比矿区的买卖交易进行谈判。摩根是一个傲慢专横、喜欢支配人的人，不愿意承认他和小洛克菲勒的平等地位。当他看到年仅 27 岁的小洛克菲勒走进他的办公室时，摩根并不在意，继续和一位同事谈话，直到有人通报介绍后，摩根才对年轻的小洛克菲勒瞪着眼睛大声说："喔，你们要什么价钱？"

小洛克菲勒并没有被摩根的盛气凌人吓倒，他盯着老摩根，礼貌地答道："摩根先生，我看一定有一些误会。不是我到这里来出售，相反，我的理解是您想要买。"老摩根听了这个年轻人的话，顿时目瞪口呆，沉默片刻，终于改变了声调。最后，通过谈判，摩根答应了洛克菲勒的售价。

在这次交际中，小洛克菲勒就是抓住了问题的关键：摩根急于要买下梅萨比矿区。他再加以说明，从而既出其不意地直戳对方的要害，说明实质，同时也表现出对垒的勇气和平等交往的要求，使对方意识到自己应认真地、平等地交往，交易过程就变成了坦途。

5. 满不在乎

还有一种方式，就是对有意冷落自己的行为持满不在乎的态度，有时也是对付有意冷落行为的一种有力的武器。他之所以冷落你，就是要你形成心理落差，而你偏偏采取不在意的态度，坦然地面对冷落，我行我素，以热报冷，以有礼对无礼，以"视而不见"来迫使对方改善态度。

一个老太太看不上女儿的男朋友，他每次来，她都不爱搭理，还会说点难听的话。对此，男青年并不计较，假装听不见，照样以笑脸相对，彬彬有礼，该帮助干活照样去干，该套近乎套近乎，该送的礼一样不缺，该说的话一句不少。最后，他终于以自己的言行使未来的岳母转变了态度。

扮猪吃虎，在刚柔之间回旋制胜

鹰者天之雄，虎者地之威，但雄威如此的动物却时常扮作一副有气无力的模样，从而使猎物放松对它的警觉，待时机成熟时，就一跃而起，以迅雷不及掩耳之势，将其捕之食之。在生活中常见弱者好逞强施威，而强者反倒扮弱。

看来，低调做人，"扮猪吃虎"更是强者采用之计，用之于谋求生存和伺机攻击！

东晋温峤是西晋名臣温羡之后，因与陶侃联兵平定王敦之乱、重安晋室而名垂青史。

西晋灭亡之后，琅琊王司马睿在建康（今江苏南京）建立东晋，温峤南下过江做了东晋朝廷的官。东晋明帝司马绍即位后，他被拜为侍中。这时，东晋统治集团内部的权力斗争已发展到了白热化的地步，拥有重兵、占据长江上游的王敦十分跋扈，取代东晋的政治野心日益明显。

但是，晋明帝司马绍不是一个懦弱的守成皇帝，而是一个比他父亲晋元帝司马睿更有决断和胆略的铁腕君主。他即位之后，是无论如何不可能容忍王敦有染指皇权的奢望，于是他决心取消、乃至最后铲除王氏在政治和军事上的势力。温峤就是在这样的大背景之下，步履维艰地走上了东晋政治舞台。

司马绍在拜温峤为侍中后，即让他参与军政大事，草拟所有重要的诏书公文，并很快将他由侍中擢升为中书令，视其为司马王朝的栋梁之臣。温峤在东晋中央的权势炙手可热，自然引起了王敦的惊恐。于是他请求皇帝将温峤调到他的大将军府任左司马。

温峤无奈，只得到武昌赴任。刚到武昌之初，温峤劝说王敦应以上古有美德的辅臣为榜样，做一个传名后世的气节之臣，但王敦无意于此。至此，温峤断定拥兵自重的王敦必有谋反之心，遂决定改变自己在王敦身边行事的策略，以韬晦之道逃脱危境。

此后，温峤一改初到武昌时的态度，装出一副敬重王敦、愿意肝胆相照的模样。同时，还不时地密呈策划以求得王敦的信赖。这样，温峤便很巧妙地将刚到武昌时劝谕王敦所留下的印象，不动声色地消除了。

除此之外，温峤有意识地结交王敦唯一的亲信钱凤，并经常对钱凤说："钱凤先生才华能力过人，经纶满腹，当世无双。"

温峤在当时一向被人认为有识才看相的本事，钱凤听了这赞扬心里十分受用，和温峤的交情日渐加深，时常在王敦面前说温峤的好话。透过这一层关系，王敦渐渐解除了对温峤的戒心，甚至视其为心腹。

　　不久，丹阳尹辞官出缺，温峤便对王敦进言："丹阳之地，对京都犹如人之咽喉，必须有才识相当的人去担任才行，如果所用非人，恐怕难以胜任，请你三思而行。"

　　王敦深以为然，就请他谈自己的意见。温峤诚恳答道："我认为没有人能比钱凤先生更合适的了。"

　　温峤假意推荐钱凤，一为避嫌，二也是耍的以退为进的招数，好诱使钱凤推荐他。钱凤果然中计，对王敦说派温峤去最适宜。于是王敦上表朝廷，补温峤出任丹阳尹，并嘱咐温峤就近暗察朝廷中的动静，随时报告。

　　丹阳尹这一"球"，由温峤发出，在三人之间如此踢了一圈，又回到了温峤手中，这正是温峤导演此场"球赛"的目的。但收"球"之后，温峤心里并不踏实。他认为老谋深算的钱凤极有可能随时改变主张，让王敦阻止自己赴任丹阳。因此，温峤要进一步杜绝钱凤可能出现的反复。

　　在王敦为他饯别的宴会上温峤假装吃醉了酒，歪歪倒倒地向在座同僚敬酒，敬到钱凤时，钱凤未及起身，温峤便以笏（朝板）击钱凤束发的巾坠，不高兴地说：

"你钱凤算什么东西，我好意敬酒你却不敢饮。"

王敦以为温峤真的喝醉了，还为此劝两人不要误会。温峤去时，突然跪地向王敦叩别，眼泪汪汪。出了王敦府门又回去三次，好像十分不舍离去的样子，弄得王敦十分感动。果然，温峤辞别王敦向建康走去后，车行不远，温峤的这一举动突然引起了钱凤的警觉，他赶忙晋见王敦说："温峤为皇上所宠，与朝廷关系密切，何况又是帝舅庾亮的至交，此人绝不可信！"

正如温峤所设想的那样，王敦以为钱凤是因宴会上受了温峤的羞辱而恶意中伤，便生气斥责道："温峤那天是喝醉了，对你是有点过分，但你不能因这点小事就来报复嘛！"

钱凤深自羞惭，快快退出。

温峤终于摆脱王敦的控制，回到了建康。他将王敦图谋叛逆的事报告了明帝，又和大臣庾亮，共同计划征讨王敦。消息传到武昌王敦将军府，王敦勃然大怒："我居然被这小子骗了！"

做人固然需要刚强，但如若一味地刚直不屈，猛攻猛打，就有可能碰钉子，甚至会遭遇不测。人的工作环境，有时候是无法选择的，在危险或尴尬的环境中工作，头脑一定要灵活，遇事该方则方，不该方时就要圆熟一些，尤其在遇到对己不利的形势时，应将刚直不阿和委曲求全结合起来，先将自己置于有利地位，再伺机反击。

第五章

识人观心，拉近彼此距离巧办事

身体语言透露最真实的想法

生活中经常会有这样的场景，当我们穿着自认为合体的衣服问朋友时，他可能嘴上说"不错，还可以"，但你仔细观察他的表情，可能会发现他有微微皱眉的动作，或者眼神闪烁，或者双手握拳。这些动作其实代表了他的内心在排斥你，他对你的这身打扮并没有什么好感。发生这种情况时，你可以多问几个人，如果大部分人都做出同样的举动，你最好换一身行头，因为大部分人都不喜欢。

这就是最简单的口头语言和身体语言发生矛盾的场景。除此之外，生活中还经常见到这样一类人，他们当面恭维你，背后则诋毁你。也就是说，他们在内心是对你有所不满的，却不当着你的面表现出来。如果你能留意一下，就会发现这些人言不由衷的神情和其他表示排斥的动作。

我们的生活中充满了这些矛盾，该相信口头语言还是相信身体语言？答案当然是后者。口语是我们通过逻辑思维后才发出的，我们已经对它进行了修改，让它符合我们想要表达的意思，因而并不能反映真实的内心世界。相反，身体语言则是自发的、难以控制的，它所透露的才是人最真实的内心想法。

可能有人会说，某些人经过长期的训练，也能控制自己的身体，让它与口头语言一致。但事实上，这是相当困难的事情。人的身体语言太过复杂，所包含的细节太多，即便刻意控制了其中的一个细节，也会在另一些细节上泄密。

另外，我们还需要界定一下谎言的界限。有一些行为出于社会礼仪或者其他规则的需要而做出，虽然它也偏离了人的真实内心，但并不一定要算在谎言之中。比如我们在心仪的对象面前都希望展露最好的一面，我们可能会刻意挺起胸，睁大眼睛，这样的行为就不能算作撒谎。另外，男性习惯的炫耀性动作、女性的化妆都偏离了真实情况，但这些行为显然也不能算在谎言里面。

观目识人心

孔子曾说过："观其眸子，人焉廋哉！"意思就是说：想要观察一个人，就要从观察他的眼睛开始。因为眼睛是人的心灵之窗，所以，一个人的想法经常会由眼神中流露出来。

一般来说，我们可以通过以下几种方法达到观目识人心的目的：

（1）在人们交谈的过程中，如果对方不时地把目光移向近处，则表示他对你的谈话内容不感兴趣或另有所想，正在计划另一件事情；如果对方的眼睛上下左右不停地转动，无法安定下来，可能是因内心害怕而说谎，通常都有难言之隐，也许是为了不失去朋友的信任而对某些事情的真相有所隐瞒。

（2）和异性视线相遇时故意避开，表示关切对方或对对方有意；眼睛滴溜溜地转个不停的人，意志力不坚，容易遭人引诱而见异思迁。

（3）眼光流露不屑的人，是想表达敌视或拒绝的意思；眼神冷峻逼人，说明他对人并不信任，心理处于戒备状态。

（4）没有表情的眼神，说明这个人心中愤愤不平或内心有所不满；交谈时对方根本不看你，可以视为对方对你不感兴趣或是不愿亲近你。

（5）当人情绪低迷、态度消极时，瞳孔就会缩小；而当人情绪高涨、态度积极时，瞳孔就会扩大。此外，据相关资料表明，一个人在极度恐惧或兴奋时，他的瞳孔一般会比正常状态下的瞳孔扩大3倍。几个人在一起打牌，假如其中一人懂得这种信号，一看到对方的瞳孔放大了，就可以肯定他抓了一把好牌，怎么玩心里也就有底了。

除此之外，眼睛的神采如何，眼光是否坦荡、端正等，都可以反映出对方的德行、心地、人品、情绪。如果对方的眼睛滴溜溜地乱转，很明显，你必须心存戒备了。一般来说，躲闪对方目光的人，一向缺乏足够的信心，不仅怀有自卑感，而且性格软弱；遇到陌生人，不会主动地前去打招呼，即使打招呼也是躲闪着别人的眼睛，这样的人一般比较拘谨，在处理问题时缺乏自信，没有什么主见。当然，如果是一对恋人，那样躲闪对方的目光又是另一回事了，那表示紧张或羞涩。

抓住非言语线索，识别他人的谎言

在生活中，我们经常能见到谎言的身影，或是从我们自己这里，或是从我们周围的人那里。说谎的原因也有多种：有的人是出于习惯，有的人则是迫不得已。这一令人悲哀的事实引出了一个重要问题：我们如何知道别人在撒谎？一般来说，要想识别谎言，多数需要借助于非语言线索。当人们撒谎时，他们的面部表情、身体姿势和动作等都有微妙的变化。下面，就让我们看看自己所能具有的识破别人谎言的能力吧！

1. 识别谎言的 5 种非言语线索

有心理学家指出，识别他人谎言的一个有效线索是瞬间闪现的面部表情。这种反应会在一个人的情绪被唤起之后快速出现而且很难抑制。因此，它们能揭示人的真实感受和情绪。比如，当我们问一个人是否喜欢某样东西，在他做出反应时密切地关注他的脸。如果我们看到一个表情（比如皱眉）之后紧跟着另一个表情（比如微笑），这就是他撒谎的信号——他正在表达一种观点，而实际上他的真实观点是另外一个。

揭穿谎言的第二种非言语线索是各通道之间表达的不一致，即在不同的基本通道之间的非言语线索不一致的情况，产生这种现象是因为说谎的人很难同时控制所有的通道。比如，他说谎时可能控制好了面部表情，但却不能同时控制好他的眼睛。

第三种非言语线索涉及说话时的非言语方面的表现。当人们说谎时，说话的音调通常会升高，并且更加犹豫，还会有很多错误。如果我们在别人说话时看到了这些变化，说明他在撒谎。

第四，谎言经常被目光接触的某些特征所揭示。撒谎的人会比说实话的人更频繁地眨眼，瞳孔也会更大。他们与人目光接触水平较低或较高，因为他们企图通过直视别人的眼睛给他留下诚实的印象。

第五，撒谎的人有时会露出夸张的面部表情。他们可能比平时笑得更多，或表现出过分的悲伤。一个基本的例子是，某些人对我们提的要求说"不"之后表现出过分的歉意，这正是预示着他们说"不"的理由可能是假的。

我们平时只要留心观察，并注意积累经验，就可以判断出别人是否在说谎，或者只是企图隐藏他们的真实感受。识别谎言的成功不是绝对的，有些人是熟练的说谎者，但是只要仔细注意以上所说的线索，他们就很难蒙蔽我们。

2. 认知因素影响我们识别谎言的效果

以上的论述似乎表明，我们对谎言的侦察越努力，结果就越成功。然而令人惊奇的是，事实并不总是如此。这是因为，当别人企图欺骗我们的时候，我们只能仔细关注他们的话语或者只能关注他们的非言语线索——因为我们的认知能力有限，很难同时关注两者。而且，我们识别谎言的动机越强，越有可能仔细关注他们的话语——仔细地听他们在说些什么。但实际上，揭示谎言的线索大都是非言语的。所以，自相矛盾的是，识别谎言的意愿越强，效果越差。

心理学家曾做过这样的实验：他们让大学生就各种话题（比如死刑、移民限制的问题）发表真实看法或者撒谎——表达相反的观点，并且把这些陈述录像，放给实验中的另一部分被试者看，要求他们判断录像中的人是否在撒谎。为了了解判断者识别谎言的动机，一半判断者（A组）被告知过后要接受有关录像信息的提问，并且被告知问题回答的情况将代表他们智力和社会技能的水平；另一半判断者（B组）被告知过后要回答的问题与录像内容无关，并且不告诉他们回答问题的成功是对智力和社会技能的测量。

结果，B 组的判断者比 A 组的判断者更准确。心理学家认为，产生这一结果是因为 A 组的被试者集中注意于录像中人物的谈话内容，而 B 组的被试者更多地注意到了非言语线索。

无论其确切的原因如何，这个实验以及相关的研究表明，像许多其他工作一样，识别谎言时，过分的努力有时反而收到相反的效果。

嘴巴的动作折射人的心理

人嘴部的动作是很丰富的，这些丰富的嘴部动作，从某种程度上可以折射出一个人的性格特征和心理态度。

1.嘴唇往前撇

人的下嘴唇往前撇，表明他对接收到的外界信息持怀疑态度，并且希望能够得到肯定的回答。

2.嘴唇往前撅

人的嘴唇往前撅的时候，表明此人的心理可能正处于某种防御状态。

3. 嘴角向后

在与人交谈中，如果其中有人嘴唇的两端稍稍有些向后，表明他正在集中注意力听其他人的谈话。

4. 嘴巴抿成"一"字形

这个动作一般在人们需要作重大决定，或事态紧急的情况下才会做出。而经常做出这一动作的人大都比较坚强，具有坚持到底的顽强精神，面对困难想到的是战胜它而不是临阵退缩。他们也是倔强一族，每件事都经过深思熟虑而采取行动，这时候谁也阻挡不了他们。他们总是抱着不到黄河心不死、不撞南墙不回头的心理，所以获得成功的几率较大。

5. 牙齿咬嘴唇

在交谈的时候，有些人习惯用牙齿咬嘴唇，可能是上牙齿咬下嘴唇，也可能是下牙齿咬上嘴唇或双唇紧闭。这表明他们正在聆听对方的谈话，同时在心中仔细揣摩话中的含义。这类人一般都有很强的分析能力，遇事虽然不能非常迅速地作出判断，但是决定一经作出，往往没有后顾之忧。

6. 嘴角上挑的人

这类人机智聪明、性格外向、能言善辩，善于和陌生人主动打招呼，并进行亲切的交谈。他们往往胸襟开阔，有包容心，不会记恨曾经伤害过他们的人，因而有着非常良好的人际关系，在最困难的时候常常能够得到他人的支持与帮助。

此外，口齿不清、说话比较迟钝的人，可以分不同的情况来讨论：一种人是不仅在说话方面表现得不够出色，在其他各个方面的表现也都是相当平庸的，这样的人若想获得很大的成就非常不易。还有一种人，他们的语言表达不精彩，而且也不太经常表达自己的观点，但一旦表达，肯定会有不凡的见解，这说明这个人在某一方面或几方面具有比较出众的才能。

交往次数越多，心理距离越近

有心理学家曾经做过这样一个实验：

在一所中学选取了一个班的学生作为实验对象。他在黑板上不起眼的角落里写下了一些奇怪的英文单词。这个班的学生每天到校时，都会瞥见那些写在黑板角落里的奇怪的英文单词。这些单词显然不是即将要学的课文中的一部分，但它们已作为班级背景的不显眼的一部分被接受了。

班上学生没发现，这些单词以一种有条理的方式改变着——一些单词只出现过一次，而一些却出现了25次之多。期末时，这个班上的学生接到一份问卷，要求对一个单词表的满意度进行评估，列在表中的是曾出现在黑板角落里的所有单词。

统计结果表明：一个单词在黑板上出现得越频繁，它的满意度就越高。

心理学家有关单词的这个实验证明了曝光效应的存在，即某个刺激的重复呈现会增加这个刺激的评估正向性。与"熟悉产生厌恶"的传统观念相反，实验表明：某个事物呈现次数越多，人们越可能喜欢它。

在人际交往中，要得到别人的喜欢，就得让别人熟悉你，而熟识程度是与交往次数直接相关的。交往次数越多，心理上的距离越近，越容易产生共同的经验，取得彼此了解和建立友谊，由此形成良好的人际关系。例如教师和学生、领导和秘书等，由于工作的需要，交往的次数多，所以较容易建立亲近的人际关系。由此可见，彼此接近、常常见面的确是建立良好人际关系的必要条件。

当然，任何事物都是辩证的，不是绝对的，我们应该承认交往的次数和频率对吸引的作用，但是不能过分夸大其对交往的作用。俗话说："距离产生美"，任何事情都存在一个度的问题。有些心理学家孤立地把研究重点放在交往的次数上，过分注重交往的形式，而忽略了人们之间交往的内容、交往的性质，这是不恰当的。实际上，交往次数和频率并不一定能给我们带来想要的结果，有时反而会适得其反。

适当地袒露自己的内心，有助于加深亲密度

与人交往时，我们常见两类人。一类是善于言谈的，这些人可以饶有兴趣地与你谈论国际时事、体育新闻、家长里短，可是从来不会表明自己的态度。你一旦将话题引入略带私密性的问题时，他就会插科打诨，或是一言以蔽之。对于这样的人，人们往往多有戒备心理，常常被认为是泛泛之交，不会深入。另一类人是不善言辞之人，虽然他们不太爱讲话，但却总希望能向对方袒露心声，这样的人反而很快能和别人拉近距离。

为什么会出现这样的结果呢？

人之相识，贵在相知；人之相知，贵在知心。要想与别人成为知心朋友，就必须向对方袒露自己的内心，即表露自己的真实感情和真实想法，向别人讲心里话，坦率地陈述自己的观点，推销自己。

小林是宿舍中最擅长交际的一个，并且人长得也漂亮，但同宿舍的其他女孩都找到了自己的男朋友，唯独漂亮、擅长交际的小林仍是独自一人。为什么呢？她身边的同学都表示，她太神秘，都不了解她。原来，小林一直对自己的私生活讳莫如深，也从不和别人谈论自己，每当别人问起时，她就把话题岔开。

在生活中，像小林这样的人不在少数。他们虽然很擅长社

交，甚至在交际场中如鱼得水，但是他们却少有知心朋友。他们习惯于说场面话，做表面功夫，交的朋友又多又快，感情却都不是很深。因为他们虽然会说很多话，但是却很少暴露自己的感情。其实，人人都不傻，都能直觉地感到对方对自己是出于需要，还是出于情感而来往。

也许，你也有过这样的感受：当自己处于明处，对方处于暗处，自己表露情感，对方却讳莫如深，不和你交心时，你会感到不舒服，对这个人也不会产生亲切感和信赖感。而当一个人向你表白内心深处的感受时，你会觉得这个人对自己很信赖，而你也会无形中和他一下子拉近了距离。

心理学家认为，一个人应该至少让一个重要的他人知道和了解真实的自我。这样的人在心理上是健康的，也是实现自我价值所必需的。所以，在与人交往时，你不妨向对方袒露一下自己的内心，吐露一下秘密，这样会一下子赢得对方的心，赢得一生的友谊。

故意在明显的地方留一点儿瑕疵

生活中，我们常可以见到这样一种现象：看起来各方面都比较完美的人，却往往不太讨人喜欢；而讨人喜欢的，却往往是那些虽然有优点，但也有一些明显缺点的人。

为什么会这样呢？这是因为，一般人与完美无缺点的人交往时，总难免因为自己不如对方而自卑。相反，如果发现精明人也和自己一样有缺点，就会减轻自己的自卑，感到安全，也就更愿意与之交往。你想，谁会愿意和那些容易让自己感到自卑的人交往呢？所以，不太完美的人，更容易让人觉得可亲、可爱。

从另一个角度来看，世界上不可能存在真正完美的人。如果一个人总是表现得很完美，倒很容易让人怀疑其中有造假的成分。或者说，故意把自己表现得很完美，这本身恐怕就是一个缺点。

所以，一个善于处世的人，常常会故意在明显的地方留一点儿瑕疵，让人一眼就看见他"连这么简单的都搞错了"。这样一来，尽管你出人头地、木秀于林，别人也不会对你敬而远之。一旦他发现"原来你也有错"，反而会缩短与你之间的距离。

乔波在某钢厂宣传处工作，有一天，处长突然叫他整理一个劳动模范的先进事迹。据知情人士透露，这其实是一次考试，它将关系到乔波是否还能继续在机关待下去。本来对这样的材料，他并不感到为难，但有了无形的压力，便不得不格外用心。他熬了一个通宵，写好后反复推敲，又抄得工工整整，第二天一上班，就把它送到了处长的桌子上。

处长当然高兴，快嘛，字又写得遒劲、悦目，而且在内容、结构上也没有什么可挑剔的。可是，处长越看到最后，笑容越收紧了。末了，他把文稿退回，让他再认真修改修改，满脸的严肃，真叫人搞不清什么地方出了差错。乔波转身刚要迈步，处长像突然想起了什么似的说："对，对，那个'副厂长'的'副'字不能写成'付'，改过来，改过来就行了。"

就这么简单！处长又恢复了先前高兴的样子，一个劲儿地夸道："来得快，不错。"考试自然过关，还是优秀哩！

总之，在与人交往时，我们要学会适当地犯一点无伤大雅的小错误，不要在人前显得过于完美，否则盖住了别人的光芒，往往会引起别人的嫉妒。

第六章

藏露有术，办事无须锋芒毕露

别让别人看透你

做人要懂得用"拟态"和"保护色",保持点神秘感,让人不敢妄自揣度,也就不敢对你轻举妄动。

俾斯麦35岁时,担任普鲁士国会的代议士。当时奥地利非常强大,曾经威胁普鲁士,如果企图统一,奥地利就要出兵干预。俾斯麦一生都在狂热地追求普鲁士的强盛,他梦想打败奥地利,统一德国。他曾说过一句著名的话:"要解决这个时代最严重的问题并不是依靠演说和决心,而是依赖铁和血。"但是令所有人惊异的是,这样一个好战分子居然在国会上主张和平。但这并不是他的真实意图,事实上,他连做梦都想着统一德国。

他说:"没有对于战争后果的清醒认识,却执意发动战争,这样的政客,请自己去赴死吧!战争结束后,你们是否有勇气承担农民面对农田化为灰烬的痛苦?是否有勇气承受身体残废、妻离子散的悲伤?"听了俾斯麦的这番演说,那些期待战争的议员们迷惑了,最后,因为俾斯麦的坚持,终于避免了战争。

由于普鲁士主张和平,奥地利很是满意,就一直没有进行阻挠。

几个星期后,国王委任俾斯麦为内阁大臣。几年之后,俾斯麦成了普鲁士首相，这时他对奥地利宣战，并最终统一了德国。

其实，俾斯麦赞成和平的真实原因是，他意识到普鲁士的军力赶不上其他欧洲强权的实力，并不适合发动战争。如果战争失利，他的政治生涯就岌岌可危了。他渴望权力，所以就坚持和自己意愿相反的主张，发表那些违背自己意愿的言论。这样的计谋在兵法上无疑是运用最多的了。

西汉名将李广有一次与匈奴骑兵遭遇，匈奴有数以千计的骑兵，而李广只带了百余人马，一旦和匈奴发生冲突，定会全军覆没。

李广带领的百余名骑兵见到这种形势都很害怕，想马上逃走。李广说："我们距离大部队还有几十里地，如果现在这样逃跑的话，匈奴很容易追上来把我们全部射杀。现在我们停留不动，匈奴一定会以为我们是我方军队派来引诱他们的，所以一定不敢来攻击我们。"于是李广命令部队继续前进，一直来到距离匈奴的营帐不足二里的地方才停下来。果然，匈奴以为李广是引他们出击的诱饵，遂纷纷撤回山上。

李广又命令部下全都下马，并把马鞍解下。手下的骑士说："匈奴人数众多，距离我们又这么近，如果有什么紧急情况该怎么办呢？"李广说："匈奴们以为我们会逃走，如今我们要解下马鞍向他们表示我们没有逃走之意，以此来使他们坚信我们是大部队派出的诱饵。"这样一来，匈奴的军队果然不敢向他们进攻。

后来，匈奴军中有个骑白马的将领出来巡视他的军队，李广飞身上马，率领手下十几个人冲上前去射死了此人，使匈奴人大为惶恐。匈奴坚持到了半夜，看李广仍无退兵之意，就疑心汉军重兵埋伏在附近，会趁着夜色偷袭他们，便悄然退兵离去了。

真假莫辨，以假乱真，当对手眼中的你已到了如此境界，他又怎么敢轻易进攻你！

在明处吃亏，在暗中得福

与其说"吃亏"是做人的一种气度，不如说"吃亏"是做事的一种谋略。

彼克是英国哈利斯食品加工工业公司总经理。有一次，他突然从化验室的报告单上发现，他们生产食品的配方中，起保鲜作用的添加剂有毒，虽然毒性不大，但长期服用对身体有害。如果不用添加剂，则又会影响食品的鲜度。

彼克考虑了一下，觉得为了自己的长远利益，暂时的吃亏也是值得的。于是，他毅然把这一有损销量的事情告诉了每位顾客，随后又向社会宣布，防腐剂有毒，对身体有害。

他做出这样的举措之后，承受了很大的压力，食品销路锐减不说，所有从事食品加工的老板都联合起来，用一切手段向他反扑，指责他别有用心，打击别人，抬高自己，他们一起抵制彼克公司的产品，彼克公司一下子到了濒临倒闭的边缘。苦苦挣扎了4年之后，彼克的食品加工公司已经无以为继，但他的名声却家喻户晓。

这时候，政府站出来支持彼克了。哈利斯公司的产品又成了人们放心满意的热门货。它在很短时间内便恢复了元气，规模扩大了两倍。哈利斯食品加工公司一举成了英国食品加工业的"龙头公司"。

吃亏是福，道出的是一种潇洒的生活态度，也是一种做事的方法。

做事有"心机"的人，应该懂得"吃亏是福"的道理，这对荡涤名利思想、平和浮躁心态会大有裨益。当然，"吃亏是福"不是简单的阿Q精神，而是福祸相依的生活辩证法，是一种深刻的人生哲学。相信"吃亏是福"，可以使心胸变得宽阔，心态更加乐观、积极，而且当自己遇到困难时，也能得到更多人的真心帮助。

会避世，不如会避事

世事纷扰，即使图清静不去惹事，事也会来惹你。对那些找上门来的"事"，惹不起却躲得起，然而避事也是要讲方法的。

三国时，魏国的大将司马懿，出身大士族。曹操刚刚掌权的时候，曾经征召司马懿出来做官。那时候，司马懿嫌曹操出身低微，不愿意应召，但是又不敢得罪曹操，就托词说自己得了风瘫病。曹操怀疑司马懿有意推托，派了一个刺客深夜闯进司马懿的卧室去察看，果然看到司马懿直挺挺地躺在床上。刺客还不相信，拔出佩刀，架在司马懿的身上，装出要劈下去的样子。司马懿只瞪着眼睛望着刺客，身体纹丝不动。刺客这才相信他是真瘫，收起刀向曹操回报去了。

　　司马懿知道曹操不会就此放过他。过了一段时期，让人传出消息，说风瘫病已经好了。等曹操再一次召他的时候，他就不拒绝了。

　　司马懿先后在曹操和魏文帝曹丕手下担任了重要职位，到了魏明帝即位时，魏国兵权已大部分落在他手里。后来，魏明帝将死之际，把司马懿和皇族大臣曹爽叫到床边，嘱咐他们共同辅助太子曹芳。

　　魏明帝死后，太子曹芳即了位，就是魏少帝。司马懿和宗室曹爽同为顾命大臣，一同执政。曹爽对司马懿这个外人不大放心，便用魏少帝的名义提升司马懿为太傅，实际上是夺去他的兵权。自兵权落到曹爽手里之后，司马懿就托病在家休养。

　　恰在这时，李胜升任青州刺史，前来辞行。曹爽觉得这是个好机会，就让他借出任荆州刺史之机，以向司马懿辞行为由，前去探听虚实。

司马懿料到李胜来访的真实意图，于是作了一番精心安排，李胜来到司马懿的居室，只见司马懿正在两个丫鬟服侍下更衣，他浑身颤抖，久久地穿不上衣服。他又称口渴，待丫鬟捧上粥来，他以口去接，将粥弄翻，流了一身，样子十分狼狈。

李胜看着欣喜，说："听说您风痹旧病复发，没想到病情竟这样严重，我受皇帝恩典，委为青州刺史，今天是特来向您告辞的。"

司马懿故意装作气力不济的样子说："我年老体衰活不了多久，你调任并州，并州临近胡邦，要多加防范，以免给胡人制造进犯的机会啊！恐怕我们再难相见，拜托你今后替我照顾两个儿子司马师和司马昭。"

李胜说："我是出任青州，不是并州啊！"

司马懿说："我精神恍惚，没有听清楚你的话，以你的才能，可以大建一番功业。"

李胜回去后，将所见所闻的详情告诉了曹爽，曹爽听后大喜，从此对司马懿消除了戒心，不加防范。

公元 249 年新年，魏少帝曹芳到城外去祭扫祖先的陵墓，曹爽和他的兄弟、亲信大臣全跟了去。司马懿既然"病"得厉害，当然也没有人请他去。

等曹爽一帮人一出皇城，太傅司马懿的"病"全好了，他披挂起盔甲，抖擞精神，带着他两个儿子司马师、司马昭，率领兵马迅速占领了城门和兵库，并且假传皇太后的诏令，把曹爽的大将军职务撤了。

又过了几天，就有人告发曹爽一伙谋反，司马懿派人把曹爽一伙人全下了监狱处死。这样一来，魏国的政权名义上还是曹氏的，实际上已经转到司马懿手里。

值得一提的是，既然"避"事，就一避到底，环环相扣，否则任何小破绽都有可能被人认定是大心机。

别踩着别人的脚印走

生活中很多人会告诉你，做事要有恒心，要有韧劲，这没错。但是，很多时候你会因此而固执己见，最终一条道儿走到黑。事实上，坚持一个方向走到底是不太现实的，就像你开车，不可能总是方向不变，而是需要不时地调整方向。有时候，环境变化得太厉害，你就得另辟新路，否则你必然会栽跟头。

美国人布曼和巴克先生同在一家广告公司工作，负责调查业务。由于不愿长期寄人篱下，他们俩商量自己做老板，开一家饮食店，专营汉堡包。

当时出售汉堡包的商店鳞次栉比，竞争激烈，如何才能在竞争中立于不败之地呢？他们开始做市场调查，结果发现，大多数饮食店为争取顾客，均争相出售大型汉堡包。而美国人近年流行减肥和健美，一些怕肥胖的人不敢多吃，常常将吃剩的汉堡包扔掉，造成极大的浪费。一些店想通过制作多种口味的面包来争取顾客，效果也不理想。

于是，布曼和巴克决定改变汉堡包的规格来赢得顾客，结果他们一举成功。原来，他们生产的汉堡包体积仅有其他大汉堡包的 1 / 6，称之为迷你汉堡。这种汉堡包适应了人们少吃减肥的需要，一时成为热销食品，使他们二人获得了丰厚的利润。

踩着别人的脚印走，你永远都不会走快、走远，因而失败的人应该多多思考，走出老框框，创出新特点。

美国纽约国际银行在刚开张之时，为迅速打开知名度，曾做过这样的广告：沉默 10 秒钟。

一天晚上，全纽约的广播电视正在播放节目，突然间，全市的所有广播都在同一时刻向听众播放一则通知：听众朋友，从现在开始，播放的是由本市国际银行向你提供的沉默时间。紧接着，整个纽约市的电台就同时中断了 10 秒钟，不播放任何节目。一时间，纽约市民对这个莫名其妙的 10 秒钟议论纷纷，于是"沉默时间"成了全纽约市民最热门的话题，国际银行的知名度迅速提高，很快就变得家喻户晓。

国际银行广告策略的巧妙之处在于，它一反一般广告手法，没有在广告中播放任何信息，而以全市电台的 10 秒沉默引起了市民的好奇心理，从而在不知不觉中使国际银行的名声人人皆知，达到了出奇制胜的效果。

国际银行成功的广告策略也证实了这样一点：一个人如果想要成功，光学别人的成功经验是远远不够的，还要学会创造，只有这样才能成为成功的开拓者。

正面行不通，不妨侧面出击

作为一种战术，从侧面进攻是行之有效的攻击谋略，特别是在战争中，当自己的力量还不足以与对手抗衡的时候，运用此策略更为有效。在历史上，哥特人和匈奴人曾用此法打败了强大的罗马帝国，蒙古人用此法进攻亚欧国家。今天，它在现代社会的生活中仍可灵活运用，它可以打乱你的对手的阵脚，增加自己胜利的机会，迫使你的对手屈服。

印度的帕特尔在与对手竞争的时候，用从侧面打击对手的方法，最终取得了胜利。20世纪60年代，帕特尔开始了他的创业生涯。创业之初，帕特尔利用自己的专长，在自己的厨房里利用简陋的设备，生产出一种成本极其低廉的洗衣粉，并且把这种洗衣粉命名为尼尔玛。为了打开销路，帕特尔开始四处奔波，试图让他的洗衣粉在竞争激烈的市场上分得一杯羹。

但是，根据印度传统的经营理论，城市富裕家庭主妇的钱袋是大多数产品销售的唯一来源。而在当时，这一巨大的财源几乎被印度制造业的跨国公司——印达斯坦·勒维尔公司独占着。勒维尔公司在全世界都设有分公司，实力极其雄厚，它的业务范围也相当广泛，而且它所生产的冲浪牌洗衣粉在印度洗涤市场一直占据着统治地位。作为刚刚起步的帕特尔公司，可以说根本没有力量与勒维尔公司正面交锋。帕特尔看清了这一点，他决定寻找另一条出路。帕特尔针对勒维尔公司只注重城市富裕家庭主妇的钱袋，而忽略了广大中下层人民的需要这一弱点，开始做文章。他绕开与勒维尔正面交战的战场，把注意力放在了无力购买高价洗衣粉的广大中下层人民身上，他相信这是一个潜力巨大而又无人涉足的广阔市场，并制定了灵活的销售策略。

（1）坚持薄利多销。

（2）在产品上做文章。

他不断推出新产品。20世纪80年代中期，帕特尔公司根据市场的需求，先后推出块状洗衣皂和香皂。当这两种产品投入市场的时候，购买者趋之若鹜。为此，公司迅速增大了产量，显示出其广阔的发展前景。

随着时间的推移，产品牢牢地把握了市场地位，块状洗衣皂成为尼尔玛公司的主要经济来源之一，仅此一项销售额就达到了公司总营业额的1/4。另一方面，香皂生产规模也迅速扩大，并在这一领域对勒维尔公司造成了严重的威胁。

为了争取更多的客户，拓展业务，做大做强，尼尔玛公司打起了广告。对于做广告，他们不像有的商家那样，先用大量广告刺激起消费者的购买欲望，紧接着就把产品送到，他们是先将自己的产品运送到各个销售点，然后才登广告进行宣传。尼尔玛公司这样做也有它的优势，因为产品广告与充足的货源能够紧密地结合起来，这样可以进一步提高公司在消费者心目中的地位，给消费者一种信赖感。

在公司正确的战略指导下，到了1988年，公司生产的尼尔玛牌洗衣粉，销售量达到50万吨。而这时，它的主要竞争对手——勒维尔公司已经被抛在了后面，他们生产的冲浪牌洗衣粉，只售出了20万吨。

自此之后，尼尔玛公司以产品的良好信誉、优良质量和低廉价格深入人心，终使尼尔玛公司在洗衣粉市场后来居上，独领风骚。

帕特尔的胜利为我们提供了处世的经验：当不得不与对方交手但在正面战斗中无法取得胜利的时候，就要灵活多变，迂回到对手的后方和侧面采取积极的行动。

及时调整，抢得先机

人如果善于变化，首先要具备机动灵活的素质，擦亮眼睛瞅准时机，不能刻板迟钝，否则机会来了也把握不住。同样，为人处世对形势也要擦亮眼睛，机动灵活找转机，及时调整、把握形势，才能占尽先机。香港著名企业家李嘉诚就是能够这样灵活变通的人。

李嘉诚以长远的眼光运筹全局，运用其投资进退战略，在各个领域之间切入切出，游刃有余。在各个经营领域之间平滑转移，使李氏不仅规避了风险，而且获得了丰厚的利润。

他征战商场半个世纪，其中两次经营战略转移，都使其事业发生重大突破，实现了跨越式的发展。

第一次战略转移，踏入房地产业。李嘉诚的企业王国，是从塑料花生产起步的。正当香港塑料花行业蒸蒸日上，成为世界上最大的生产出口基地时，李嘉诚却看到这个行业前途有限，于是做出了经营领域战略转移的重大决策，转向房地产业。此后香港房地产情形高涨，李嘉诚发了大财，跻身香港的富豪行列。

1981年，香港前途问题使港人的信心再度受到考验，移民风又起，股价、楼价再次大跌。李嘉诚审时度势，大举投资房地产。在1984年中英联合声明草签之前，他宣布投资40亿元，兴建大屋村，获得了丰厚的收益。房地产市场上的巨大成功，使李嘉诚成为香港房地产大王。

20世纪90年代，当香港房地产业处于巅峰时，他又看到了这个行业的隐患。1977年，在公布长江实业、和记黄埔的业绩时，李嘉诚决定把资金投向电讯基建和服务等领域。这次战略转移，使两大集团受益。

战略转移是一项风险大、难度高的战略行动，一步进不好，三步退不止。李嘉诚的战略转移只是战略重心的转移，无论是新经济还是旧经济，李嘉诚都没有完全放弃，同时，李嘉诚也从不对任何一项业务情有独钟。

总之，世上没有一成不变的生意，只有一成不变的做生意的智慧。做生意是为了赚钱，要想把生意做大，需要在不同的时期把握不同的商机，而不应死守一种思路创业。做人也一样，要善于变通，要明察秋毫，及时调整，才能占得先机。

头脑博弈：策略性问题揣测端倪

作为一名销售人员，向顾客介绍产品的时候，不能一味地按照对方的需求去说。因为对方说出的需求有时并非出于真心或者自愿，这个时候，就需要有心的销售人员用策略性问题打探出他的真实想法，把握住对方的真心，才能提供给他真正需要的产品。

李毅是一家公司的推销员，他在接到一家企业的订单后前去拜访，刘小姐接待了他。

李毅："您好，是您打电话说要订购一台传真机吗？"

刘小姐："是的，公司需要，所以想要一台。"

李毅："您需要什么型号的？或者以前用的是什么型号？"

刘小姐："以前没有用过，这是第一次买，明白我的意思吗？"

李毅："噢，不好意思，我能问一下您为什么不通过电子邮件等方式发送文件呢？"

刘小姐："接收公司邮件的公司大部分都是老资格的企业，他们的经营理念和办事风格虽不能说墨守成规，却也真的有些老旧了，但有什么办法呢？他们是我们的上帝，我们有责任满足对方的需求。而且买传真机的事是经过几个同事商量后得出的结论，买就买吧。"

李毅："但是，我看得出来，您并不是非常情愿，是更倾向于用电子邮件等方式发送文件吗？"

刘小姐："谁说不是呢？我也想过了，发传真也不是经常的事，只是有时忙了发一些，接收传真的第一人也不是老板而是文秘。唉，但是没办法，都已经这么定了，你还是给我介绍一下产品的具体情况吧。"

李毅："刘小姐，既然买传真机的事情不是对方要求您办的，我看也不必非得买。您不妨试试其他的产品？"

刘小姐："你是指什么？"

李毅拿出一套电脑传真软件说："这是一套电脑传真软件，它的优势是自动安装，传送文件准确率高，速度快。价钱还非常便宜，您不妨试试这个。"

刘小姐："哦，是吗？那你给我详细介绍一下吧。"

李毅本以为刘小姐是想订购一台传真机的，但通过交谈得知，对方的真实想法是：我并不十分喜欢传真机，我更倾向于其他新型的传输方法。从这样的想法可以看出：对方需要的只是一种能传送文件的工具。那么，李毅是怎么发现这点的呢？首先，他就传真机的问题询问刘小姐，发现对方并不十分精通而且似乎不喜欢回答相关问题，当他询问其他更便捷的传输方式时，刘小姐的精神状态马上好了许多。李毅就马上断定，对方的真实需求跟她刚才的表达有误差，而这种误差如果不去试探性地询问，就不会发现。同时，李毅运用了新旧两种产品的对比法：传真机并不合适您，电脑传真软件更快捷和便宜，两者一对比，进一步把顾客的真实需求挖掘出来。

在产品销售的过程中，最让消费者满意的产品不一定是质量最好，外观最漂亮的，却一定是最合消费者心意的。想明白消费者的心意，就要学会用多种途径发掘出对方的真实需求，策略性问题就是方式之一。

策略性问题不是故意套对方的话，而是为了给其提供最能让他满意的服务而采取的一种问话措施，掌握这种问话方式，就能更主动地把握消费者的心理和销售时的主动权。为对方提供他最急需、最合适的产品，他还会拒绝你吗？

高处原来不胜寒，低调融入是真知

人一旦出头了，发达了，就容易成为众人注目的焦点，被人品评，被人臧否，也可能被人算计。因此，越是位居显要，就越要经常反躬自省，越要讲究低调，融入大众之中。唯此，才能做到更有效地保护自己。

曾国藩是在他的母亲病逝，居家守丧期间响应咸丰帝的号召，组建湘军的。不能为母亲守三年之丧，这在儒家看来是不孝的。但由于时势紧迫，他听从了好友郭嵩焘的劝说，"移孝作忠"，出山为清王朝效力。

可是，他锋芒太露，处处遭人忌妒、受人暗算，连咸丰皇帝也不信任他。1857年2月，他的父亲曾麟书病逝，清朝给了他三个月的假，令他假满后回江西带兵作战。曾国藩伸手要权被拒绝，随即上疏试探咸丰帝，说自己回到家乡后念及当今军事形势之严峻，日夜惶恐不安。

咸丰皇帝十分明了曾国藩的意图，他见江西军务已有好转，而曾国藩不过是大清帝国一颗棋子，授予实权休想！于是，咸丰皇帝朱批道："江西军务渐有起色，即楚南亦就肃清，汝可暂守礼庐，仍应候旨。"假戏真做，曾国藩真是欲哭无泪。同时，曾国藩又要承受来自各方面的舆论压力。此次曾国藩离军奔丧，已属不忠，此后又以复出作为要求实权的砝码，这与他平日所标榜的理学面孔大相径庭，因此，招来了种种指责与非议，再次成为舆论的中心。朋友的规劝、指责如潮水般席卷而来，朋友吴敢把一层窗纸戳破，说曾国藩本应在家守孝，却出山，是"有为而为"；上给朝廷的奏折有时不写自己的官衔，这是存心"要权"。在内外交困的情况下，曾国藩忧心忡忡，遂导致失眠。朋友欧阳兆熊深知其病根所在，一方面为他荐医生诊治失眠，另一方面为他开了一个治心病的药方，"岐、黄可医身病，黄、老可医心病"。欧阳兆熊借用黄、老来讽劝曾国藩，暗喻他过去所采取的铁血政策，未免有失偏颇，锋芒太露，伤己伤人。面对朋友的规劝，曾国藩不能不陷入深深的反思。

　　自率湘军东征以来，曾国藩有胜有败，四处碰壁，究其原因，固然是由于没有得到清政府的充分信任而未被授予地方实权所致。同时，曾国藩也感到自己在修养方面有很多弱点，在为人处世方面刚愎自用，目中无人。

　　后来，曾国藩在写给弟弟的信中，谈到了由于改变了处世的方法而带来的收获："兄自问近年得力唯有一悔字诀。兄昔年自负本领甚大，可屈可伸，可行可藏，又每见得人家不是。自从丁巳、戊午大悔大悟之后，乃知自己全无本领，凡事都见得人家有几分是处，故自戊午至今九载，与四十岁以前迥不相同，大约以能立能达为体，以不怨不尤为用。立者，发奋自强，站得住也；达者，办事圆融，行得通也。"以前，曾国藩对官场的逢迎、谄媚及腐败十分厌恶，不愿为伍，为此所到之处，常开幕布公，一针见血，从而遭人忌恨，受到排挤，经常成为舆论讽喻的中心。"国藩从官有年，饱历京洛风尘，达官贵人，优容养望，与在下者渐疏和同之气，盖已稔知之。而惯常积不能平，乃变而为慷慨激烈，轩爽肮脏之一途，思欲稍易三四十年不白不黑、不痛不痒、牢不可破之习，而矫枉过正，或不免流于意气之偏，以是屡蹈愆尤，丛讥取戾。"经过多年的宦海沉浮，曾国藩深深地意识到，仅凭他一己之力，是无法扭转官场这种状况的，如若继续为官，那么唯一的途径，就是去学习、去适应。"吾往年在官，与官场中落落不合，几至到处荆榛。此次改弦易辙，稍觉相安。"此一改变，说明曾国藩日趋成熟与世故了。

攻下金陵之后，曾氏兄弟的声望可说是如日中天，达于极盛，曾国藩被封为一等侯爵，世袭罔替，所有湘军大小将领及有功人员，莫不论功封赏。时湘军人物官居督抚位子的便有 10 人，长江流域的水师，全在湘军将领控制之下，曾国藩所保奏的人物，无不如奏所授。

但树大招风，朝廷的猜忌与朝臣的忌妒随之而来。

颇有心计的曾国藩应对从容，马上就采取了一个裁军之计。

不等朝廷的防范措施下来，就先来了一个自我裁军。正所谓忍一时风平浪静，退一步海阔天空，曾国藩意识到鸡蛋是不能与石头碰的，既然不能碰，就必须改变思路，明哲保身。

曾国藩的计谋手法，自是超人一等。他在战事尚未结束之际，即计划裁撤湘军。他在两江总督任内，便已拼命筹钱，两年之间，已筹到 550 万两白银。钱筹好了，办法拟好了，战事一结束，即宣告裁兵，不要朝廷一文，裁兵费早已筹妥。

同治三年（1862）六月攻下南京，取得胜利，七月初即开始裁兵，一月之间，首先裁去 25 000 人，随后亦略有裁遣。人说招兵容易裁兵难，以曾国藩看来，因为事事有计划、有准备，也就变成招兵容易裁兵更容易了。

曾国藩深谙老庄之法，他对清朝政治形势有明确的把握，对自己的仕途也有一套圆熟通达的哲学理念。他在给其弟的一封信中表露说："余家目下鼎盛之际，沅（曾国荃字沅辅）所统近两万人，季（指曾贞干）所统四五千人，近世似弟者，曾有几家？日中则昃，月盈则亏。吾家盈时矣。管子云，斗斛满则人概之，人满则天概之。余谓天之概无形，仍假手天人以概之。待他人之来概，而后悔之，则已晚矣。"

正是由于曾国藩居安思危，在功高位显之时能洞悉世态人情之险，从而以退为进，保持一种低调通达的作风，才能确保和成就他终身的功德。

曾国藩说：越走向高位，失败的可能性越大，而惨败的结局就越多。因为"高处不胜寒"啊！那么，每升迁一次，就要以十倍于以前的谨慎心理来处理各种事务。他借用烈马驾车，绳索已朽，形容随时有翻车的可能。

因此，我们万不可因一时的得意，就麻痹大意，认为自己"福大命大"，而应该时时反躬自省，修身立德，这样才能确保长久的安顺。

第七章
抓住机遇，因势利导好办事

当办之事要果断决策

有一位知名的哲学家，天生有一股特殊的文人气质，不知迷死了多少女人。

某天，一个女子来敲他的门，她说："让我做你的妻子吧！错过我，你将再也找不到比我更爱你的女人了！"哲学家虽然也很中意她，但仍回答说："让我考虑考虑！"

事后，哲学家用他一贯研究学问的精神，将结婚和不结婚的好、坏所在，分别条列下来，才发现，好坏均等，真不知该如何抉择？于是，他陷入长期的苦恼之中，无论他又找出了什么新的理由，都只是徒增选择的困难。

最后，他得出一个结论——人若在面临抉择而无法取舍的时候，应该选择自己尚未经历过的那一个。不结婚的处境我是清楚的，但结婚会是个怎样的情况，我还不知道。对！我该答应那个女人的请求。

哲学家来到女人的家中，问女人的父亲说："你的女儿呢？请你告诉她，我考虑清楚了，我决定娶她为妻！"

女人的父亲冷漠回答："你来晚了10年，我女儿现在已经是3个孩子的妈了！"

哲学家听了，整个人几乎崩溃，他万万没有想到，向来引以为傲的哲学头脑，最后换来的竟然是一场悔恨。尔后二年，哲学家抑郁成疾，临死前，将自己所有的著作丢入火堆，只留下一段对人生的批注：

如果将人生一分为二，前半段人生哲学是"不犹豫"；后半段人生哲学是"不后悔"。

"不犹豫"和"不后悔"，看起来是矛盾的：决策太快，就可能做出后悔之事；为了将来不后悔，就需要小心谨慎。这种心态，使很多人变得优柔寡断。

优柔寡断，会让你丧失很多机会，有时可能给一个机构甚至一个国家带来灾难。而与优柔寡断相反的就是果断。果敢决断是领导者的基本素质之一，决断力是领导和统驭的根基，是领导者不可或缺的能力。

正确的决断能使社会各类资源达到最佳组合，从而产生绝佳的经济效益和社会效益，而我国古代很多人都是因为优柔寡断的性格特点，让其丧失了大好前程，最典型的就要数项羽了。

秦朝末年，群雄纷争，刘邦和项羽是两支重要的武装力量的领导者。楚怀王命令项羽、刘邦兵分两路进攻秦军。临行时楚怀王与二人约定："先入关者为王。"刘邦乘秦军前线部队被项羽击溃、秦朝内讧之机，捷足先登，进入咸阳，但他自知羽翼未丰，于是驻军灞上，以等待项羽。

一个月后，项羽率 40 万大军开进关中，驻守鸿门。他见刘邦早到一步，勃然大怒，扬言要灭掉刘邦。刘邦得知后，马上派部下张良把项羽的伯父项伯请来，设宴款待，托他向项羽说情。

第二天，刘邦带着樊哙、张良等100多名部下，亲赴鸿门向项羽致歉。项羽毫无城府，听刘邦一解释，一腔怒气顿时烟消云散，还设宴招待刘邦。

项羽有个谋士叫范增，他早已看出刘邦的野心，料定刘邦早晚要和项羽争夺天下，多次告诫项羽："此人不除，必留祸患。"他数次怂恿项羽杀了刘邦，但项羽对此一直不以为然。如今，刘邦自己送上门来，范增认为机不可失，时不再来。酒席间，他曾多次暗示项羽动手，项羽始终对他不睬不理。无奈，他只好另想办法。他找来项庄假装舞剑，实则命其伺机刺杀刘邦。谁料，范增的用心被项伯识破，他怕惹出事来，便拔出剑来与项庄对舞，以保护刘邦。这时，酒宴的气氛已到了剑拔弩张的地步，机敏的刘邦见事不妙，当机立断，在张良、樊哙策划下，假装上厕所，趁机逃离了项羽营地，避免了一场灭顶之灾。项羽优柔寡断，错失良机，为自己后来的灭亡埋下了祸根。

"当断不断，必受其乱"就是这个道理。就如下棋一样，一着不慎，满盘皆输。刘邦当机立断，逃离了险地；项羽当断不断，给自己埋下了祸根，最终在垓下自刎，只留下了无尽的遗憾。

为什么有些人当断不断呢？有两个原因。其一是，事情比较棘手，他们想拖一拖，等方便时再着手处理。殊不知，当办而难办之事，并不会因时间推移而降低难度，反而会因错过办事时机而变得更难办。其二是，利弊得失不是很明朗，他们想看得更清楚一些再着手处理。殊不知，世事如同博弈，你看不清时，对方也同样看不清。等到你看清了，对方也同样看清了，事情的难度非但不会降低，反而会让你连赌一把的机会也失去了。所以，聪明人对当办之事，总是当机立断，绝不会犹豫不决。

清朝时，咸丰皇帝死后，东太后和西太后共同帮助同治皇帝处理朝政。东太后地位较高，西太后善于权谋，两人面和心不和。

这天，山东巡抚丁宝桢正坐在客厅中读书喝茶，只见德州知府匆匆地跑来求见。

"巡抚大人，您可要救我一命啊！"知府哭得泪珠横飞。

丁宝桢一见，忙问缘故，知府哭哭啼啼地说道：

"今天有个人到我府上，我一见竟是安德海，连忙送上白银二百两。没想到，他啪地扇了我一耳光，还说限我三天之内交出白银五千两，差一两，便要我的命。您说，我现在到哪里去弄五千两啊！"

丁宝桢明白了：这安德海的确不好惹，他是西太后手下最得宠的一个太监，贪赃枉法，无恶不作。由于他的特殊身份，一般没人和他计较，也不敢和他计较。没想到今日他竟敢在丁宝桢的地盘撒野。丁宝桢决定把这个宦官除掉。

丁宝桢问："他来这里干什么？"

"说是给西太后定制精美的锦衣。"

"皇宫大内什么衣服没有，竟上民间来找？"丁宝桢对西太后的所作所为早有耳闻，今日又遇到这种事，不觉心怀不满。

知府叹气不语，为自己的脑袋担心。

丁宝桢又问："你见到圣旨了吗？"

"没有！可是，西太后手下红人亲临，同圣旨有什么区别？"

丁宝桢一拍桌子，高声道："好，你立即回去把安德海抓来见我！"

"什么？"知府瞪起眼睛，以为自己听错了，"大人，您再说一遍。"

"咱们大清朝有条祖训：'内监不许私自离开京城四十里，违者由地方官就地正法。'安德海既无圣旨，肯定犯了这条。"

"可是西太后那里如何交代啊？"知府还是满头雾水。

"西太后自有人能降她。你想，安德海乃是她的宠臣，他出宫这么久，一定是得到了她的恩准。东太后向来与西太后有矛盾。我们上奏东太后，东太后肯定会降旨斩杀安德海，西太后明知自己有错，所以也不敢太张扬。你现在就去办。"

知府见上司说得有理，急忙去抓安德海。

"姓丁的你瞎了眼，我是安德海！"安海德被人捆得结结实实，一见丁宝桢便破口大骂。

丁宝桢冷笑道："对！我抓的就是你安德海！"

安德海一听，居然笑了：

"丁宝桢，你敢把我怎么样？实话告诉你，"他瞅了瞅德州知府，"这个狗奴才抓我的时候，我的一个手下已快马回京报与西太后知道了，从德州到这儿，这么短的距离，用不了多久，太后的懿旨就会到，那时你就吃不了兜着走了。"

安德海说完哈哈地狂笑起来。

丁宝桢笑道："太后的懿旨早就到了，我念给你听着：'安德海私自出宫，依祖训，就地正法。'"

安德海"啊"的一声，定睛瞧去见果是东太后的懿旨。

"你，你什么时候得到她的懿旨的？"

"抓你之前。现在你还有什么话说？"不等安德海说话，丁宝桢大喝一声："来人啊！推出去斩了。"

忽听有人在门外高喊："西太后懿旨到！"

安德海高兴地放声大笑。

丁宝桢知道西太后的懿旨肯定是来救这个太监的。放了安德海，得罪东太后；不放，西太后更是不好惹。

他想了一想，命令道："前门接旨，后门斩首。"

安德海被推出后门。

丁宝桢跑到前门跪听懿旨，果然是来救安德海的。

"下官遵照东宫太后旨意，此刻已将安德海斩首了。"丁宝桢镇静地说道。

虽然杀了西太后的宠臣，但丁宝桢并没有受到惩罚，反而以刚毅果决名闻天下。

事之成败皆在于果敢决断，许多优秀的领导者就是因为他们做事不犹豫，该断则断，摒弃了优柔寡断的不良品质，所以大有成就。

那些优柔寡断的人，请记住德国伟大诗人歌德这句富有哲理的话："长久地迟疑不决的人，常常找不到最好的答案。"

适度地强迫自己

当我们碰到较困难的工作时，经常会不知道从何处着手，迟迟无法采取任何行动。这时，我们该怎么做呢？

事实上，只管"着手去做"就行了，并且从最简单、最容易下手的部分去做，而不要在乎次序。当简单的部分做完之后，你自然知道应如何继续攻克较艰难的部分。例如，当你撰写论文或书籍时，就可以先从你最熟悉的部分起笔。

你应该记住这句名言："开始做就完成了一半的工作。"其实工作往往不如我们想象的那般棘手，因此，别还没开始就被自己心里的"畏难"逼退。那么，应如何着手去做呢？这其实是再简单不过的事情。

你只要坐在桌子前面，开始做些入手的事情，心神渐渐专注后，很快便能进入工作状态。物理学上有所谓的"惯性定律"，也就是"静者恒静，动者恒动"。只要你一动起来，便得以进入动者恒动的惯性中，此刻，你将惊喜地发现：原来，着手去做一件事情，会令人想一直不停地做下去，直到完成它为止！

为了完成棘手的或令人厌烦的工作，有时需要适度地强迫自己。

如果工作期间，需要先暂离片刻，你应设法使工作很容易继续下去。比方你在计算机前坐累了，想起身倒杯水时，你绝不可以关上计算机和台灯，因为，保持"开动"的状态，可以随时再开始工作，避免打断原先的工作节奏。虽然那可能只是10秒钟不到的时间，但是心理上会觉得很麻烦，因而失去先前的工作热度，不愿再继续做了。

"适度地强迫自己"是驱使着手去做的必要方法，但是这也需要一些技巧。举例来说，有时你下班回家后感到很累，但是为了利用晚上的时间再做点事，你可以先洗个澡以恢复一下精神，然后让自己坐在电脑前，开始工作。否则，你很可能整个晚上什么事情都不会去做，而且会一天接着一天，继续懒散下去。

只要你着手去做，你就会发现，其实完成工作并不是十分困难的事，养成良好的作息习惯，定点定时地完成每日的计划，让"着手去做"成为你生活的固定轨迹。

为了避免畏难情绪，你可以把一个大工作分成几个小工作，一件一件地完成。完成这些小工作总比大工作来得容易，你可以在不断地完成小工作的过程中体会到一种成功的快乐，从而使你完成工作的劲头越来越足，士气越来越旺。同时，把工作细化也就是为自己制订了这几天的工作计划，每天完成一部分，脚踏实地、有条有理地把事情做好。这也有利于保证工作质量。

人的潜意识中难免会有一种惰性，一旦你放下了手头的工作，想再拿起来就未必那么容易了。美国某银行总裁为保证整块时间，在思考问题时，绝不允许任何人来打扰，只有总统和妻子两个人例外。

因此，任何大事，他的秘书都要等到这段时间过后再来告诉他。说来有趣，当年冯玉祥将军为保证整块时间，在学习的时候就关上大门，门外挂上牌子"冯玉祥死了"，拒绝外人打扰，学完后再换上"冯玉祥活了"的牌子。

古人有云："一鼓作气，再而衰，三而竭。"这是很有道理的。我们应该从心理上做到如长虹贯日般一气呵成，才不至于出现一次一次泄气、到最后只能勉强敷衍过去的情况。

一件事情如果不能彻底解决，后续滋生的问题，将会浪费更多时间。就像一个人，如果要戒烟，那将是一件极艰难的事。但是如果他不戒烟，随之而来的后续滋生的种种问题，例如引发疾病、影响他人健康等等，那会是更令人头疼的问题。虽然要彻底解决事情，可能会耗费相当多的时间，但就长久而言，把时间投入在彻底解决问题上，绝对是值得的。

所以，适度强迫自己去完成那些想放下的工作，是最有效率、最接近成功的做法。

抓住关键办好事

关键的问题和问题的关键在某种程度上是具有一致性的，都是抓住事物的主要矛盾或者矛盾的主要方面，这些矛盾涉及事情的本质。善于观察和领悟的人往往可以通过事情的一两个点，控制事情的进展，挖掘事情的实质，从根本上把事情办好。

任何问题都有一个关键点，那就是"能牵一发而动全身"的地方。这个地方的最大特点，是一切矛盾的汇集处。抓到"牵一发动全身"的地方，解决了它，其他的问题就会迎刃而解。

1933 年 3 月，罗斯福宣誓就任美国第 32 任总统。当时，美国正发生持续时间最长、涉及范围最广的经济大萧条。就在罗斯福就任总统的当天，全国只有很少的几家大银行能正常营业，大量的现金支票都无法兑现。银行家、商人、市民都处于恐慌之中，稍有一点风吹草动就将会导致全国性的动荡和骚乱。

在坐上总统宝座的第 3 天，罗斯福发布了一条惊人决定：全国银行一律休假 3 天。这意味着全国银行将中止支付 3 天。这样一来，高度紧张和疲惫的银行系统就有了较为充裕的时间进行各种调整和准备。

这个看似平淡无奇的举动，却产生了奇迹般的作用。

全国银行休假 3 天后的一周之内，占全美国银行总数 3/4 的13 500 多家银行恢复了正常营业，交易所又重新响起了锣声，纽约股票价格上涨 15%。罗斯福的这一决断，不仅避免了银行系统的整体瘫痪，而且带动了经济的整体复苏，堪称四两拨千斤的经典之作。

罗斯福用这样一种简单方法就能力挽狂澜，而且产生了立竿见影的效果，就是因为他一下抓住了银行——整个"国家经济的血脉"所存在的问题，抓住了最重要的问题，并选择了一个最简单易行的方法去解决它。

当时，美国正好出现了遍及全国的挤兑风波。银行最害怕挤兑，因为一出现挤兑，人们就会对银行和金融体系丧失信心，一旦对金融体系丧失信心，就会加剧人们的不安，导致挤兑潮的恶性循环。在这样的形势压力下，所有银行就像被卷入旋涡一样，被挤兑风波逼得连喘一口气的时间都没有。所以，罗斯福对经济形势深刻分析之后，采取果断措施，用休假三天来让银行整理好正常的工作思路，做好应对各种危机的准备。同时，采取多种措施进行宏观调控。银行的危机处理能力得到增强，人们的信心也开始恢复，问题就得到了逐步解决。

要解决问题，首先要对问题进行正确界定。弄清"问题到底是什么"，就等于找准了应该瞄准的"靶子"。否则，要么是劳而无功，要么是南辕北辙。

美国鞋业大王罗宾·维勒事业刚起步的时候，为了在短时间内取得最好的效果，他组织了一个研究班子，制作了几种款式新颖的鞋子投放市场。

结果订单纷至沓来，产品供不应求，即使加班加点也只能完成订单的一小部分。为了解决这个问题，工厂又招聘了一批生产鞋子的技工。但面对庞大的客户订单，产能还是远远不够。罗宾非常着急，如果鞋子不能按期生产出来，工厂就不得不赔偿给客户一大笔钱，还会影响到工厂的声誉。

于是罗宾召集全厂员工开会研究对策。主管们讲了很多办法，但都不行。这时候，一位年轻的小工举手要求发言。

"我认为，我们的根本问题不是要找更多的技工，其实不用这些技工也能解决问题。"

"为什么？"工人、主管们都很奇怪。

"因为真正的问题是提高生产量，我们可以从其他方面想想办法，增加技工只是手段之一。"

大多数人觉得他的话不着边际，但罗宾很重视，鼓励他讲下去。

他鼓足了勇气，大声说："我们可以用机器来做鞋。"

这在当时可是从来没有过的事，立即引起大家的哄堂大笑："孩子，用什么机器做鞋呀，你能制作这样的机器吗？"

小工面红耳赤地坐下去了，但是他的话却深深触动了罗宾。他说："这位小同事指出了我们解决产能问题的一个误区。一直我们都认为问题是如何招更多的技工，但当一批订单过后，如何安排这些增加的技工去留问题成一个棘手的问题。但这位小同事却让我们重新回到了问题根本上，那就是要提高生产效率。尽管他不会创造机器，但他的思路很重要。因此，我决定奖励他500美元。"这相当于一个小工半年的工资。

罗宾根据小工提出的新思路，立即组织专家研究生产鞋子的机器。4个月后，机器造出来了，世界从此进入到用机器生产鞋子的时代。罗宾也由此以领先者的姿态成为了美国著名的鞋业大王。

罗宾·维勒在自传中谈到这个故事时，特别强调说："这位员工永远值得我感谢。假如不是这位员工给我指出我的根本问题是提高生产效率而不是找更多的工人，我的公司就不会有这样大的发展。"

这段经历，使我们明白了一个十分重要的道理：遇到难题，首先要对问题进行分析，弄清问题的实质，找到问题的关键点，解决"牵一发而动全身"的关键问题。

任何事情，都有其本质所在。你只要抓住它的本质，从根本上去剖析它，分析它，你就能从容地应对，解决。

按优先顺序做事最轻松

在我们的生活中，我们经常该做的事没做，不该做的事乱做一通，根本不知什么是轻重缓急。例如，功课没做完，就先看电视，等电视看完又困了，先睡觉再说，结果第二天不但上课迟到，作业也交不上来。很多人把自己的工作和生活搞得一团糟，其原因也是做事不分轻重缓急造成的。

成功的人做事，以目标为中心，兼顾重要性与急迫性，排定优先顺序，始终把个人精力的焦点放在最重要的事务上。所以他们的工作既有条理又轻松，所达成的效果，需要那些不问事情大小，眉毛胡子一把抓的人付出 10 倍努力才能达到。

宓子贱和巫马期都是孔子的学生。宓子贱治理单父时，每天弹琴自娱，不用走下大堂，就把单父治理得很好。

巫马期治理单父时，每天早出晚归，夜以继日，事必躬亲，单父也被他治理得很好。

巫马期向宓子贱请教轻松治理单父的缘故，宓子贱说："我注重用人，你注重用力。用力者当然辛苦，用人者当然轻松。"

对一个领导者来说，用人当然是大事中的大事，始终应该是工作重点。把人用好了，自己就轻松了。人没用好，事事要自己动手，自然就累得多。

在用人方面，仍然需要排定优先顺序，哪些人要重点使用？

哪些人要重点照顾？哪些人要重点培养？这也要分一个轻重缓急。否则自己下面那么多人，随便拉几个人来用，肯定不行。那么，宓子贱是如何排定优先顺序的呢？他的老师孔子曾问过他这个问题："你治理单父，大家都很高兴。请告诉我你是怎么做的！"

宓子贱说："我把他们的父亲看作自己的父亲，把他们的儿子看作自己的儿子，抚恤孤寡，哀怜伤亡。"

孔子说："好！这是小节，底层百姓会归顺你，但是还不够。"

宓子贱又说："被我当作父亲看待的尊者有 3 个，当作兄长看待的贤者有 5 个，当作朋友看待的能者有 11 个。"

孔子说："当作父亲看待的 3 个人，可以用孝道教化百姓了；当作兄长看待的 5 个人，可以用友爱教化百姓了；当作朋友看待的 11 个人，可以用知识教化百姓了。这是中节，中层百姓会归顺你，但是还不够。"

宓子贱又说："这个地方有 5 个比我贤能的人，我用老师的礼节敬重他们，他们都教我治理单父的方法。"

孔子说："成就大功的方法就在这里了！从前，尧帝和舜帝，自降身份，谦恭地观察了解天下，诚心访求贤能的人。推举贤才，是百福的根本，神明的主宰。可惜啊！你治理的只是小小的单父，如果让你治理大国，大概就能继承尧舜的事业了！"

从这个故事中可以看出，宓子贱排定优先顺序的方法是，敬重贤人当先，其次是重用能人，再次是照顾弱者。三件大事抓好了，工作没有做不好的。

以上是从宏观上谈论排定优先顺序的方法。具体到细节，应该如何做呢？美国效率专家艾维的方法值得我们借鉴。

有一次，美国伯利恒钢铁公司总裁查理斯·舒瓦普向效率专家艾维·利请教"如何更好地执行计划"。

艾维·利声称可以在10分钟内就给舒瓦普一样东西，这样东西能把他公司的业绩提高50%。然后他递给舒瓦普一张空白纸，说："请在这张纸上写下你明天要做的6件最重要的事。"

舒瓦普用了5分钟写完。

艾维接着说："现在按每件事情对于你和你的公司的重要性，用数字标明次序。"

舒瓦普又花了5分钟，将次序排定。

艾维说："好了，把这张纸放进口袋，明天早上第一件事是把纸条拿出来，做第一项最重要的。不要看其他的，只是第一项。着手办第一件事，直至完成为止。然后用同样的方法对待第二项、第三项……直到你下班为止。如果只做完第一件事，那不要紧，你总是在做最重要的事情。"

艾维·利最后说："每一天都要这样做——您刚才看见了，只用10分钟时间——你对这种方法的价值深信不疑之后，叫你公司的人也这样干。这个试验你爱做多久就做多久，然后给我寄支票来，你认为值多少就给我多少。"

一个月之后，舒瓦普给艾维·利寄去一张2.5万美元的支票，还有一封信。信上说，那是他一生中最有价值的一课。

5 年之后，这个当年不为人知的小钢铁厂一跃而成为世界上最大的独立钢铁厂。人们普遍认为，艾维·利提出的方法功不可没。

现在，艾维的这种方法为众多企业家所应用。您何不也试一试呢？

善抓机遇能减少一半奋斗时间

在这个时代，一个希望获得事业成功的时间管理者应该树立 3 个观念，即时间观念、时效观念和时机观念。

在我们的工作和生活中，到处都有时机问题。农民春种夏作秋收，不违农时，有时机问题；战场上发起冲锋不能过迟，也不能过早，有时机问题。时机问题，既是时间问题，又是机遇问题。

有一则寓言故事，说的是两个猎人张弓搭箭，正准备射下飞雁。忽然，一个猎人说："这一群大雁肥得很，打下来煮着吃，滋味一定不错。"另一个猎人却坚持烤了吃。由于观点不一，双方争执不下，只好请人评理，才终于商讨出一个"两全"的解决办法：射下来的大雁，一半煮，一半烤。等到他们再去射大雁时，那群大雁早已飞得无影无踪，两位猎人错过了饱餐一顿的时机。

可见，时机来得快，去得也快。

善于把握时机的管理者明白：在最适宜的时候办最应该办的事。《周易·艮》有："时止则止，时行则行，动静不失其时"之说，说得便是有的事时机已过才去办，效果不好；有的事时机未到，过早地去做，效果也不佳。

时机是一种机遇，一种成功的机会。杰出人士之所以能够成功，并不仅仅在于他们掌握了多少成功经验，也不仅仅在于他们有多大的胆量，最主要的是他们善于行动，一旦发现机会，便能牢牢抓住。

郑桓公去朝见周朝天子，接受封地，晚上住宿在宋国东部一家旅店。一位老人从外面进来，问他："您要到哪里去？"

郑桓公回答："我要到郑地去朝见天子，接受封地。"

老人说："我听说，时机难得而易失，现在您在这里睡得如此安稳，大概不是去求取封地的吧？"

郑桓公醒悟过来，就拿起马缰亲自驾车，他的仆人捧着淘好的米坐上车上，狂奔10天10夜才赶到目的地。他这才知道，原来有人想跟他争郑国的封地。幸亏他及时赶到，否则后果难料。

机会是一种财富。它有改变人生面貌的巨大作用。一个普通人常常会因抓住机会而改变了命运，步入良性循环的轨道，有的甚至还从前日的一文不名到今日的亿万富翁，他的生活质量和成就令轨道外面的旁观者自叹弗如。正因为机会有如此巨大的作用，一般人在经商或从政失败时，很少承认努力不够，大都把失败归咎于"时运不济"。

机遇是捉摸不定的，人们总期望机遇垂青自己。机遇是需要我们去寻找的。找到了机遇就一定能成功吗？当然不是，这得看你有没有利用机遇的能力。只有以勤奋的工作，扎实的功底作为基础，加上外来的机遇，成功之门才会向你敞开。

还有种情况，机会就摆在那儿，我们却由于众多原因，前怕狼后怕虎、犹豫不决，以致机会从眼前飞走。这样的事例经常发生在我们身上或身边，其原因是对自己缺乏足够的信心，所以在机会唾手可得时，也不敢利用机会。

华裔电脑名人王安博士经历过这样一件事，这件发生在他6岁之时的事影响了他的一生。有一天，王安外出玩耍。经过一棵大树的时候，突然有什么东西掉在他的头上。伸手一抓，原来是个鸟巢，于是他赶紧用手拨开。鸟巢掉在了地上，从里面滚出了一只嗷嗷待哺的小麻雀。王安很喜欢它，决定把它带回去喂养，于是连同鸟巢一起带回了家。王安回到家，走到门口，忽然想起妈妈曾多次说过不允许他在家里养小动物。所以，他便把小麻雀放在门后，急忙走进屋内，请求妈妈的允许。妈妈经不起儿子的苦苦哀求，破例答应了他的请求。王安兴奋地跑到门后，不料，小麻雀已经不见了，只见一只黑猫正在那里意犹未尽地舔着嘴巴。王安为此伤心不已。

从这件事中，王安得到了一个很大的教训：只要是自己认准要做的事情，绝不可优柔寡断，必须马上付诸行动。不能做决定的人，固然很难做错事，但也失去了成功的机会。

成功者都是善于抓住机遇的人，虽然他们有时难免犯错误，但是他们比起那些做事犹豫的人要强，取得成功的几率也大得多。作为成功者都似乎从没有这种忧虑，因为他们总是敏锐地抓住各种机遇，使自己的产业不断扩大。

美国大富翁亚蒙·哈默的创业生涯始于他成功地抓住了创业的时机。哈默很关注各届政府首脑的经济政策，并深究这些政策对经济的影响。当富兰克林·罗斯福总统入主白宫时，哈默研究了罗斯福的经济政策，并认识到罗斯福提出的"新政"中，禁酒令将会被废除。由此再进一步分析，禁酒令废除后，市场对啤酒和威士忌酒的需求就会大增，那时就需要空前数量的酒桶。

哈默慧眼识金看出这一商机，立即向前苏联订购了几船制作木桶的白橡木板，在纽约码头设立了一个临时性的桶板加工厂。当哈默的这些准备工作就绪之际，罗斯福总统果然下令废除"禁酒令"。同时，哈默的酒桶正从生产线上滚滚而出，很快这些酒桶就身价倍增，哈默也从中大赚了一把。

善于捕捉机遇的人，会减少其一半的奋斗时间。从某种意义上说，机遇就蕴藏在几秒钟之内。如果你赢得了这几秒钟，那么你就抓住了某个机遇，也许就此抓住了你想要的一切。俗话说："机不可失，时不再来。"对于每个人来说，机会并不是常有的。所以，机会来临时，好好把握吧。当你向机会伸手时，已经跟成功签下了盟约。

敢做别人不敢做的事

平庸的人，总喜欢亦步亦趋地跟在人后。但世界上最需要的，却是那些有创造力的人，因为只有他们才能够离开走熟了的途径，闯入新境界。

有一种人，他们死死抱住以前的规矩，不敢越雷池一步。在他们眼里世界是静止的，至少变得没有那么快。他们顽固地认为："这个方法 5 年前有效，现在当然还有用。"

商鞅提倡变法时，朝廷大臣甘龙反对说："古代圣人都是不改变民俗而教导他们，智慧的君主也是不变换法令而治理国家，这样不必花费很大的气力就能成功。按照旧的法令办事，官吏熟悉，百姓也习惯，何必搞什么变法呢？"

商鞅反驳说："平常的人安于老一套习惯，死读书的人沉溺于往日的见闻，靠这两种人做官守法还是可以的，但不能与他们谈论变法革新的道理，因为他们的思想太保守了。三代不同礼而称王天下，五代不同法而成就霸业，从古到今哪有不变化的道理呢？贤者智人从来都是作法更礼，而愚人不肖者不明变通，才阻挠限制变法！"

大夫杜挚讲不出多少道理，竟一口咬定说："反正效法古人是无罪的，遵循古礼是不会犯错误的！"对此，商鞅针锋相对地说："治理国家从来不是一成不变的，更没有一套固定的办法。商汤和周武都没有效法古制，他们却得了天下；夏桀和殷纣没有改变礼法，他们却相继灭亡了。所以说，违反古例不一定错，遵循古法也不一定对！"

秦孝公听后觉得有理有据，便坚决地支持他变法革新。

经过商鞅变法后，秦国逐渐成为七国之中实力最强的国家，为以后统一全国奠定了坚实的基础。

古希腊神话中有这样一则故事，同样告诉我们做事要敢于打破思维定式，这样，往往会有意想不到的收获。

凡是来到弗里吉亚城的朱庇特神庙的外地人，都会被引导去看戈迪阿斯王的牛车。人们都称赞戈迪阿斯王把牛轭系在车辕上的技巧。

"只有很了不起的人才能打出这样的结。"其中有人这样说。

"你说得很对，但是能解开这结的人更加了不起。"庙里的神使说。

"为什么呢？"

"虽然戈迪阿斯不过是弗里吉亚这样一个小国的国王，但是能解开这个结的人，将把全世界变成自己的国家。"神使回答。

此后，每年都有很多人来看戈迪阿斯打的结子。各个国家的王子和政客都想打开这个结，可总是连绳头都找不到，他们根本就不知从何着手。

戈迪阿斯王死了几百年之后，人们只记得他是打那个奇妙结子的人，只记得他的车还停在朱庇特的神庙里，牛轭还是系在车辕的一头。

有一位年轻国王亚历山大，从遥远的马其顿来到弗里吉亚。他征服了整个希腊，他曾率领不多的精兵渡海到过亚洲，并且打败了波斯国王。

"那个奇妙的戈迪阿斯结在什么地方？"他问。

于是他们领他来到朱庇特神庙，那牛车、牛轭和车辕都还原封不动地保留着原样，他看了一眼那个结以后，立即拔出随身佩带的剑，随手一挥，绳应声落地。

神使结结巴巴地说："是让人们解开，没有人是用剑的！"

年轻的国王不屑地说："只有敢做别人不敢做的事，才配拥有全世界！"

一语中的！年轻的国王道出了人世的真理。我们举目四顾，拥有这个世界的人，哪一个不是敢于打破常规的人？

在现实中，许多人习惯了往昔的生活方式，没有认识到创新的可贵，正因为这样，我们也失去了出人头地的机会。有人说，创新者头上有一片自己的蓝天，这话没错，因此，让我们摆脱因循守旧、墨守成规的老思想，成为第一个吃螃蟹的人吧！

跳起来抓机会

现代竞争在很大程度上就是机会的竞争，机会是非常宝贵的。因此，一个优秀的人在机会来临的时候，是绝不会放过机会的。

不要认为那些成功者有什么过人之处，如果说他们与常人有什么不同之处，那就是当机会来到他们身边的时候，他们会立即付诸行动，决不迟疑，这就是他们的成功秘诀。

上帝是公平的，他赐予每个人以相同的机遇。但是有的人成功了，一跃成为商业巨人、上层名流。而有的人终日庸庸碌碌，一事无成。原因就在于有人抓住了机会办成了事，有的人却让机会轻易溜走。

机会不是一种经过驯化的动物，它也有反咬一口的能力。一个发财的机会，处置得宜，则财源滚滚；处理失当，也可能使自己蒙受重大损失。这就是很多人在机会降临时却畏缩不前的原因。能否成为大商人，不仅是能力问题，也要看你有没有一决胜负的魄力。

李嘉诚年轻时，创办了一家小小的塑胶花公司。经过几年辛苦打拼，他的公司在商场中争得了一席之地。李嘉诚并不以此为满足，他引弓待发，寻找出击机会。

有一次，他得到一个重要信息：7天后，北美一家大公司将派特使来香港考察，选择一家实力最强的塑胶花厂商作为长期合作伙伴。

李嘉诚当即召集公司干部开会，通报了这一信息。他说，这是一个天赐良机，谁抓住这个机会，谁就将在香港塑胶花行业占据绝对领先地位。干部们纷纷表示，从工厂规模、技术设备、员工素质这3项主要指标来看，公司虽然位居中游，但却与"实力最强"距之甚远，要想抓住这个机会，基本没戏。

李嘉诚说："我请大家来，不是为了讨论香港塑胶花企业的排名。我想跟大家讨论的是：如何使本公司的实力在7天之内上升到全港第一，然后抓住这个机会？"

干部们始而惊讶，继而被这位年轻老板的决心所感染。他们开始改变思路，探讨达成这一目标的办法。大家争来议去，认为还是只能从厂房、设备、员工素质3个方面着手。但是，厂房可以租新的，装修要花大量时间；设备可以买新的，安装要花大量时间；员工可以招聘，培训要花大量时间。这几项工作，按正常速度，没半年拿不下来，如何能在7天之内搞定？再说，租厂房、购设备的钱从哪里来？

李嘉诚也明白，要抓住这个机会，难度实在太大。但他不愿眼睁睁看着它失之交臂，决心放手一搏。

于是，他进行了分工，由自己负责向银行贷款，其他人分别负责厂房、设备和员工培训事宜，四项工作同时进行。他表示，为了抢时间，不要怕"出血"，租用的厂房装修难度越小越好，贵一点倒无妨；还可以向社会急招熟练员工，工资高一点倒无妨；设备却要最好的。

李嘉诚率领全公司，全力以赴，24小时轮番作业，终于在7天内建起一座新工厂，并如愿以偿地跟那家北美公司签订了长期合同。他的事业也由此上升到一个新的台阶。

商场争利就像战场争锋，"以正合，以奇胜"，在多数时候，要追求"堂堂之阵，凛凛之威"，先营造胜势，再追求胜利，也就是说，凭实力取胜。但是，遇到重大机会时，却不能按部就班、循规蹈矩。值得冒险时，仍须放手一搏。

很多人把自己一事无成的原因归结于没有遇到好机会。也许确实如此。但没有遇到好机会不等于没有好机会，好机会天天都有，坐在家里却等不来，还要自己费心去寻找。你有真知灼见，藏在心里，别人就不知晓；你有盖世才华，从不显露出来，别人怎么会重用你？只有努力展示自己，才可能获得更好的机会。有时候，还需要跳起来，去争取那些好像不属于自己的机会。

晋献公时，东郭有个叫祖朝的平民，上书给晋献公说："我是东郭草民祖朝，想跟您商量一下国家大计。"

晋献公派使者出来告诉他说："吃肉的人已经商量好了，吃菜根的人就不要操心吧！"

祖朝说："大王难道没有听说过古代大将司马的事吗？他早上朝见君王，因为动身晚了，急忙赶路，驾车人大声吆喝让马快跑，坐在旁边的一位侍卫也大声吆喝让马快跑。驾车人用手肘碰碰侍卫，不高兴地说："你为什么多管闲事？你为什么替我吆喝？"侍卫说："我该吆喝就吆喝，这也是我的事。你当御手，责任是好好拉住你的缰绳。你现在不好好拉住你的缰绳，万一马突然受惊，乱闯起来，会误伤路上的行人。假如遇到敌人，下车拔剑，浴血杀敌，这是我的事，你难道能扔掉缰绳下来帮助我吗？车的安全也关系到我的安危，我同样很担心，怎么能不吆喝呢？现在大王说'吃肉的人已经商量好了，吃菜根的人就不要操心吧'，假设吃肉的人在决定大计时一旦失策，像我们这些吃菜根的人，难道能免于肝胆涂地、抛尸荒野吗？国家安全也关系到我的安危，我也同样很担心，我怎能不参与商量国家大计呢？"

晋献公召见祖朝，跟他谈了3天，受益匪浅，于是聘请他做自己的老师。

祖朝不过是一介平民，跟高官厚禄相距遥远，好像没有什么受重用的好机会。但他主动跳起来，跳得高高的，让人看到了他与众不同的才能，他就得到了机会。

很多有才能却抱怨"英雄无用武之地"的人，为什么要呆在那里等别人来发现自己、重用自己呢？何不跳起来抓机会呢？这个道理，就像你有一件珍宝，想卖出去，既然没有人上门求购，就只有自己主动上门推销。在买方卖方之间，必有一方主动。既然别人不主动，自己何不主动一点呢？

轻易放弃一分希望，得到的将是失败

绝不放弃万分之一的可能，终归会有收获；轻易放弃一线希望，得到的将是失败。

这是一个崇尚开拓创新的时代，人人都渴望能证明自我。正因为如此，我们更应该勇敢地去拼搏。失败并不可怕，由于恐惧失败而畏缩不前才是真正可怕的。

要战胜失败，就不要放弃尝试各种的可能性。

以精益求精的态度，不放弃尝试种种的可能，终会享受到拼搏的成果。

有位年轻人去微软公司应聘，而该公司并没有刊登过招聘广告。见总经理疑惑不解，年轻人用不太娴熟的英语解释说自己是碰巧路过这里，就贸然进来了。

总经理感觉很新鲜，破例让他试一试。面试的结果出人意料，年轻人的表现很糟糕。他对总经理的解释是事先没有准备，总经理以为他不过是找个托词下台阶，就随口应道："等你准备好了再来试吧。"

一周后，年轻人再次走进微软公司的大门，这次他依然没有成功。

但比起第一次，他的表现要好得多。而总经理给他的回答仍然同上次一样："等你准备好了再来试。"就这样，这个青年先后

5 次踏进微软公司的大门，最终被公司录用，成为公司的重点培养对象。

也许，我们的人生旅途上沼泽遍布，荆棘丛生；也许，我们追求的风景总是山重水复，不见柳暗花明；也许，我们前行的步履总是沉重、蹒跚；也许，我们需要在黑暗中摸索很长时间，才能找寻到光明；也许，我们虔诚的信念会被世俗的尘雾缠绕，而不能自由翱翔；也许，我们高贵的灵魂暂时在现实中找不到寄放的净土……那么，我们为什么不可以以勇敢者的气魄，坚定而自信地要求自己永不放弃万分之一的可能性？

一位电台主持人在自己的职业生涯中遭遇了 18 次辞退，她的主持风格被人贬得一文不值。

最早的时候，她想到美国大陆无线电台工作。但是，电台负责人认为她是一位女性，不能吸引听众，理所当然地拒绝了她。

她来到了波多黎各，希望自己能有个好运气。但是她不懂西班牙语，为了熟练地掌握这门语言，她花了 3 年的时间。但是，在波多黎各的日子里，她最重要的一次采访，只是有一家通讯社委托她到多米尼加共和国去采访暴乱，连差旅费也是自己出的。

在以后的几年里，她不停地工作，不停地被人辞退，有些电台指责她根本不懂什么叫主持。

1981 年，她来到了纽约的一家电台，但是很快被告知：她跟不上这个时代。为此，她失业了一年多。

有一次，她向一位国家广播公司的职员推销她的访谈节目策划，得到了那人的肯定。但是，那个人后来离开了广播公司。她只好再向另外一位职员推销她的策划，而这位职员对此不感兴趣。

她找到这位职员，请求他雇用她。此人虽然同意了，但不赞同她主持访谈节目，而是让她主持一个政治节目。

她对政治一窍不通，但又不想失去这份工作。于是，她开始"恶补"政治知识。

1982年的夏天，她的以政治为内容的节目开播。凭着她娴熟的主持技巧和平易近人的风格，节目期间听众可以打进电话来讨论国家的政治活动，包括总统大选。这在美国的电台史上是没有先例的。

她几乎在一夜之间成名，她的节目成为全美最受欢迎的政治节目。

她叫莎莉·拉斐尔。现在的身份是美国一家自办电视台节目主持人，曾经两度获全美主持人大奖，每天有800万观众收看她主持的节目。

在美国的传媒界，她就是一座金矿，她无论到哪家电视台、电台，都会为他们带来巨额的回报。

莎莉·拉斐尔说："我平均每一年半，就被人辞退一次，有些时候，我认为这辈子完了。但我相信，上帝只掌握了我的一半，我越努力越是坚持，我手中掌握的那一半就越庞大，有一天，我终于赢了上帝。"

"我赢了上帝"这句话曾经作为标题，出现在美国的许多媒体上，包括国家电台对她的一个访谈录。

绝不放弃万分之一的可能，你就有可能达到成功的彼岸！

办事心理学

第八章

张弛有度，进退自如灵活办事

要有一颗守规的心

世界上任何事情都不是绝对的，做任何事都不是顺理成章的。在不同的行业，不同的领域，要想办成某样事，你必须遵守那个行业的规矩。自由也是，没有规矩的约束，自由就会泛滥成堕落。因此有一颗守规的心非常重要，因为它是一个优秀人才必备的素质，也是任何想成事的人都具有的。

一个毫无原则的人，会因为感情用事而葬送自己的前程。一个不守规矩的人，会因为自己的放任自流而变得堕落。

对一个人来说，处理好生活中的亲情、友情、爱情和工作的关系有着特殊的意义。有的人在这个问题上没有把握好。比如，有的遇到老首长、老上级、老领导，或者是老部下、老朋友，往往讲感情过头，讲原则不够，不该说的话说了，不该办的事办了；有的受封建宗法观念影响，搞人身依附、官官相护那一套；有的在干部提拔使用上任人唯亲，凭个人好恶选人；也有的利用自己手中权力，把子女、亲属、熟人安排在管钱、管物、管人的实权部门；有的人交往层次低，良莠不分、鱼龙混杂，等等。

人生在世，谁都要和"人情"二字打交道。一个人一定要辨清人情之味，看看究竟是哪一种人情，应该采取什么样的态度，认真处理好坚持原则与讲感情的关系，做到既重感情，更讲原则，尤其是在涉及用人、花钱等敏感问题的处理上，一定要严格按规定办，绝不能用感情代替制度、代替原则。要树立高尚的道德情操，把握住感情的闸门，交高尚的人，交有道德的人，交遵规守纪的人，自觉遵守社会公德，恪守职业道德，弘扬家庭美德，追求健康向上的生活情趣，始终保持高尚的人格和应有的尊严。

任何有效的规则都是因时、因地、因人而异的。在不同发展时期、不同社会文化领域、不同人群之中形成的规则内容和实施的方法各不相同，这就像在所有的树上都找不到完全相同的两片树叶一样。但所有的树叶都有叶柄、叶脉和树叶的正、反两面，这就是规则所包含的最基本的原则。主要包括以下几点：纪律与公平的原则；分工和协作的原则；个人利益与整体利益的原则；激励和约束的原则。

1. 纪律与公平的原则

没有纪律，任何一个组织都不可能长期地维持其生存，任何个人也不能得到良好的发展。新兵入伍后首先要明白"服从命令是军人的第一天职"，这就是一个农民或学生训练成一个正规合格军人的第一堂必修课。

2. 分工和协作的原则

分工可以提高效率，协作可以提高效益，分工和协作都是为了群体的目标的顺利实现。这主要适用于领导对机构中的职能管理部门、专业管理部门、执行单位之间的分工，以及在这种分工基础上领导与下属之间相互合作，共同进退。机构的设置、职能的分工应该是动态的，是对现有资源的不断整合，是一个按机构既定的发展战略要求而不断调整的过程。分工是科学、协作是管理，而整合是艺术。在一个单位里，正确地运用分工与协作这个原则，可以极大地调动下属的积极性，提高办事效率，充分发挥人的主观能动性。

3. 个人利益与整体利益的原则

集体利益高于个人利益是每一个文明人的基本信条。处于封闭、隔绝状态中的人们，多数也会把群体利益置于个人利益之上，这是使群体能生存延续下去的客观要求。如果人人都把个人利益放在第一位，而不惜牺牲集体利益，就必将导致整体的毁灭。一个民族的兴旺发达和个人的良好发展目的是一致的，特殊贡献拿到特殊的奖励，使个人利益和集体利益统一起来，办事不能因为个人利益而损害集体利益，通常的情况下，应该个人利益服从集体利益，只有这样，你才能真正地享受到你的个人利益，你要办的事才会合情合理，最重要的是合法。

4. 激励和约束的原则

通常对激励的表现方式首先是物质报酬，体现为物质上的回馈。其次是精神上的鼓励和支持。

人是物质的，但同时人也是感性的动物，在满足人对物质的需求的同时，在精神上也给予最适当的鼓舞，可以让人精神振奋。因此如果你在办事时常常运用激励这个原则，往往会带给你意想不到的效果。

激励的方式：一是求人时要以适当的物质激励你所要求的对象；二是通过和你所求对象的沟通，创建相互理解、相互信任氛围的沟通式激励氛围；三是通过激励对方调动其办事的主动性和创造性；四是在办事以前充分征求别人的意见；五是鼓励所求助的对象大胆行动，果断出手；六是通过制定切实可行的发展战略和规划，把方案落到实处，变得切实可行。

约束则是要掌握合法合理的规则尺度，明白在办事的时候应该做什么、怎么做、做到什么程度是合规的，更重要的是怎么做才可以更好地办事。

英国的克莱尔公司在培训中，总是先介绍本公司的纪律，首席培训师加培利总是这样说："纪律就是高压线，它高高地悬在那里，只要你稍微注意一下，或者不是故意去碰它的话，你就是一个遵守纪律的人，看，遵守纪律就是这么简单。"

一个人是能够并愿意作出多种选择的……艰苦奋斗胜于舒适生活；真理胜于错误；正确胜于荒谬。这每一项都要求我们认真考虑和选择，即便是不在别人的监视和控制之下，也能懂得什么是正确的。这就是自觉遵守纪律。

自觉遵守纪律是找人办事必备的一个优良品质，一个人如果要想办好事，没有这种品质是不行的；一个人如果想很好地为他人办事，也必须具备这样的品质。它之所以这样重要，是因为它是一个优秀人才必备的素质，也是任何人所希望具有的。

创造性的纪律能使人与人之间更加融洽。它也能使已犯过错误的人和将会犯错误的人之间，在自尊上相互感应。更重要的是我们首先要自律，才能将纪律有效地加诸于别人。只有这样，在你遵守纪律的前提下，别人才会遵守纪律，为你办事才会让你放心。

请记住塞尼加的话："只有服从纪律的人，才能执行纪律。"

同样的道理，当你在请求对方为你办事的时候，首先自己就要看清对方为你所办之事是否属于他的职权范围之内，是否触及到他的权威。因为只有正确地判断形势，才能有机会让对方为你办好事。切记，不要给予对方太多的责任，那样会让他感觉到压力，从而就有可能办不好事，作茧自缚。

尊重别人，给人尊严

有一条十分重要的涉及人们品行的准则，如果你足够重视这条准则，它就会帮助你摆脱困难的境地。能成大事的人往往十分重视这条准则，所以他们无往而不胜。

这条准则就是："肯定他人的存在，尊重他人的意见，承认他人的优点。"

你想得到他人的赞扬，你想让别人承认你的优点，你想闯出自己的一片天吗？那么你就要尊重他人的优点，努力使人感到他的尊严。

生活中十次有九次的争吵结果是，每个人都更加相信自己是正确的，但是往往成大事的人是不会通过跟别人争吵去证明自己的。

说服某人并不意味着同他争论，说服人同与人争吵没有必然的联系，争吵不能改变别人的看法。任何人都不会把没用的话记下来，反过来说，我们做笔记就是表示认同对方说话的内容，是尊重对方的一种表现。

有一个年轻人应邀去参加一场盛大的舞会，可是年轻人却显得心事重重。一位年长的女士邀请他共舞一曲，随着欢快的舞曲，年轻人也变得开朗起来。

一曲结束，年轻人对这位年长的女士表达了由衷的赞美，对她的舞技大加赞赏。年长的女士听到有人这么欣赏她的长处，显得很开心。出于好奇，女士忍不住询问年轻人刚开始时，为何愁眉不展。

年轻人讲出了原由，原来年轻人是一家运输公司的老板，可是由于自然灾害的原因，他的公司遭受了很大的损失，已经接近破产的边缘。年轻人已经没有多余的资金维持公司的周转了，即使想翻身也没有机会。

事有凑巧，年长的女士的丈夫是当地一家大银行的行长，女士很爽快地把年轻人介绍给了她的丈夫，她的丈夫随即找人对年轻人的公司进行了分析和调查后，给他贷款 100 万，帮助年轻人渡过了难关，解了燃眉之急。

通常你遇到的每一个人，都会有一种高人一等的优越感。所以有必要让他明白，你承认他的优势并肯定他的存在，并且是真渡地承认和肯定——这是打开对方心扉的钥匙。

回想爱默生的话："我遇到的每一个人都在某方面超过了我。我努力在这方面向他学习。"

但也有这样一些人，他们毫无根据地以为自己是杰出的人，还凭空狂妄自大。

如果你想让你的事业走向辉煌，在家里，任何时候都不要批评你妻子不太会做家务，更不要把她同你的母亲作对比。记得要夸奖妻子，并为自己娶了这样的妻子而感到骄傲。甚至肉煮得过火、面包烤焦了也不要唠叨，只需要说一声，这次做得不如往常香。这样，她将努力做好一切，使你保持以往对她的看法。但是，你不要突然这样做，不然会引起她的怀疑。今天或明天你给她买一束鲜花或一盒糖果，不能只在口头上说："对，我应这样做"，而是付诸行动。对妻子要时常微笑，要温柔地对待她。如果大家都这样做，未必就有这么多人离婚。

因为一个成功的男人背后定有一位贤惠的女人，当然更要有一个温馨的家庭，你从家庭方面入手能做到很好，外界的人际关系自然也就不难解决。

如果，你想让人们高兴，应遵循的另一条准则是："努力使人感到他的尊严。"

1. 在争论中不抢占上风

成大事的人是很少与人争吵的。

本杰明·富兰克林说过："如果你与人争论和提出异议，有时也可取胜，但这是毫无意义的胜利，因为你永远也不能争得发怒的对手对你的友善态度。"

请好好思考思考，你更想得到什么呢，是想得到表面的胜利还是别人的支持？二者兼得的事是很罕见的。

在争论中你的意见可能是正确的，但要改变一个人的看法，却并不容易。

2. 不坐满整张椅子

假如你正在很认真地向一个人解说某件事，对方却深深地靠入沙发中，并且还把上半身也深深地陷入沙发中，你会有什么感受？如果对方是上司，那还没什么；如果是同事，你可能就会对他说："你能不能认真地听我说？"为什么生气呢？因为将身体深深地陷入沙发这一姿势，在别人的眼中，看起来就是一种极不认真的态度。特别是连上半身也深深地陷入沙发中，给人的印象将会更为恶劣。

相反的，只取椅面的前 1/3 部分来坐，给人的印象会更好。尤其是采用这种坐姿时，身体的上半身会自然地前倾，可能会给对方聚精会神的感觉，因此会给对方做事积极的印象。好好利用这一效果，可以更有效地表现自我，给对方留下良好印象。

3. 边听边记笔记

在你讲演时，或许有一些听众拿着笔记本边听边记，你就会不由得对这些人产生好感。

因为记笔记不但表示想要留下一份记录，还显示了想将对方所说的话记住的积极态度。

当然任何人都不想把没用的话记下来，也就是说，我们做笔记表示已经认同对方说话的内容，是尊重对方的一种表现。

好好利用这种心理，可以使对方感受到我们的诚意。通常上司对我们说话时，就是再无聊的话我们也不得不听，此时若能采用记笔记的方式把话记下来，不但能消除无聊感，还可以给上司留下好印象。

你想成就大事吗？那么请记住，成大事的人在人际交往中应善于给足别人面子。

聪明的人，都知道如何去搞好人际关系，他们都深知人际关系的重要性，因而都懂得尊重他人以及如何去尊重他人，目的是要获得他人的认同和支持。当你找人办事的时候，不妨也放低姿态，摆正位置，用真诚的心和实际行动去尊重他人，这样才会在他人心目中留下良好的印象。这必将为你找人办事奠定扎实的基础，办起事来才会顺顺利利。

办大事绝不糊涂

在这个世界上到底有多少人真正明白自己又明白别人，是很难下定性的结论。我们知道，大糊涂的人可能是小聪明，小糊涂的人可能是大精明，但是聪明是有分寸感的。太精明的人也会变成糊涂的人，这叫聪明反被聪明误。此为悟之道。

《菜根谭》中有一段话，大意为：对有些人，必须提高警惕，险恶之徒，嫉贤害能，稍有触犯，必置人于死地，故对之必须提高警觉，防患于未然。

宋太宗赵匡义病重时立第三子赵恒为皇太子。当时，吕端继吕蒙正为宰相，他为人识大体，顾大局，很有办事能力，深得太宗赏识。太宗说他"小事糊涂，大事不糊涂"。不久，他便将相位让给寇准，退位参知政事。

997年，太宗驾崩。围绕谁来继位的问题，宫内多有不同意见。再者，皇太子赵恒年已29岁，聪明能干，处断有方。但他是太宗的第三子，没有继位资格，这就引起其他王子与大臣的忌妒和憎恨。但吕端却是站在赵恒一边的。他决心遵照先帝旨意，拥立赵恒即位。当然，他也就对宫中的一些情况细心观察。

正当太宗驾崩举国祭丧之时，太监王继恩、参知政事李昌龄、殿前都指挥使李继熏、知制诰胡旦等人，却暗地里密谋，准备阻止赵恒即位，而立楚王元佐。吕端心中有所警惕，但却并不清楚具体情况。李皇后本来也不同意赵恒即位。所以，李皇后命王继恩传话召见吕端时，吕端心头一怔，便知大事有变，可能发生不测。一想到这里，吕端便决定抢先动手，争取主动。他一面答应去见皇后，一面又将王继恩锁在内阁，不让他出来与其他人谋通，并派人看守门口。之后，吕端才毕恭毕敬地来见皇后。李皇后对吕端说："太宗已晏驾，按理应立长子为继承人，这样才是顺应天意，你看如何？"吕端却说："先帝立赵恒为皇太子，正是为了今天，如今，太宗刚刚晏驾，将江山留给我们，他的尸骨未寒，我们哪能违背先帝遗诏而另有所立？请皇后三思。"李皇后思虑再三，觉得吕端讲的有道理，况且，众大臣都在竭力拥立赵恒皇太子，李皇后也不好违拗，便同意了吕端的意见，决定由皇太子赵恒继承皇位，统领大宋江山。众大臣连连称是，叩首而去。

吕端至此还不放心，怕届时会被偷梁换柱。赵恒于公元998年即位为真宗，垂帘引见群臣，群臣跪拜堂前，齐呼万岁，唯独吕端平立于殿下不拜，众人忙问其故。吕端说："皇太子即位，理当光明正大，为何垂帘侧坐，遮遮掩掩？"要求卷起帘帷，走上大殿，正面仔细观望，知是太子赵恒，然后走下台阶，率群臣拜呼万岁。至此，吕端才真正放了心。

史官对吕端评价很高，宋史评论道："吕端谏秦王居留，表已见大器，与寇准同相而常让之，留李继迁之母不诛，真宗之立，闭王继恩于室，以折李后异谋，而定大计；既立，犹请去帘，升殿审视，然后下拜，太宗谓之大事不糊涂者，知臣莫过君矣。"

俗话说"水至清无鱼，人至清无友"。乍听起来，似乎太"世故"了，然而，现实生活中许多事情都坏在"认真"二字上。有些人对别人要求得过于严格以至近于苛刻，他们希望自己所处的社会一尘不染，事事随心，不允许有任何一件鸡毛蒜皮的小事不符合自己的设想。一旦发现这种问题，他们就怒气冲天，大动肝火，怨天尤人，有一种势不两立的架势。尤其是知识分子，他们对许多问题的看法往往过于天真，过于理想化，过于清高。总觉得世界之上，众人皆浊，唯我独清，众人皆醉，唯我独醒。用这种天真的眼光去看社会，许多人往往会变得愤世嫉俗，牢骚满腹。

我们说"水至清则无鱼"，主要强调的是做人做事都不能太"认真"，该糊涂时就糊涂，只要不是原则问题，睁一只眼闭一只眼也未尝不可。所谓"水至清则无鱼"谈论的不是一般的清，而是"至清"。所谓"至清"者，一点杂质都没有，这岂不是异想天开？然而，现实中更多的人往往是大事糊涂，小事反而不糊涂，特别注意小事，哪怕是芥蒂之疾，蝇屎之污，也偏要用显微镜去观察。于是，在他们眼里，社会总是一团乌云蔽日，人与人之间只剩下尔虞我诈。普天之下，可以与言者，也就只有"我自己"，这实际上是一种病态。

所谓"水至清则无鱼"并不是说可以随波逐流，不讲原则，而是说，对于那些无关大局的小事，不应当过于认真，而对那些事关重大、原则性的是非问题，切不可也随便套用这一原则。

学会适应环境，顺其自然，办大事的时候要保持冷静的心态，积极地思考问题的关键，做到心里有数。这样即使事情发生变化，也会有积极的应对之策。只要保持了这样的心态，找人办事轻而易举。只有处理好眼前的事情，才会有余力展望未来。

会绕圈子，不碰钉子

水潭的水到底有多深，眼睛是看不到的，但是只要往里面投一颗石子，就可以知道水到底有多深了。但是在现实生活中，一件事情很复杂，绝不像一潭水那样轻而易举。想要摸清实情，也不像投入水潭一颗石子那样轻而易举，因此，投石测水的策略在现实中就复杂得多，需要更多的智慧。

比如，你想说服别人，直截了当地表明意见，非但无效，反而让人厌憎。不如先绕圈子，弄清他心里真正的想法，方可取得良好的效果。

春秋战国时期的楚庄王是一位比较贤明的君主，他在识别人才上有着自己独特的方法。楚庄王登基之初并不是一位值得称道的好皇帝，相反他一直纵情享乐不理朝政。其实，这只是楚庄王的一个策略而已，但他并没有告诉任何人，而是自己暗暗地进行观察。

在三年的时间里，楚庄王将国家大事都置之不理，却是整日纵情歌舞，沉溺于酒色。但是他不但不理会众多大臣的非议，反而在国内贴出告示上边写着："有敢谏者死无赦"。这道命令一下，朝中的大臣们终日惶惶恐恐犹豫不决，都不知如何是好。这时一些奸诈之人就开始想尽办法，曲意逢迎。他们心想：只要哄得大王欢心就不愁升官发财了。

实际上每个朝代都有这样的奸臣，但也有敢于直言进谏的忠臣们，楚庄王的身边也不例外。开始的时候，有些大臣觉得大王刚登基，难免有享乐之念，便没有提出什么意见。但随着时间推移，大臣中有些人就开始对楚庄王的行径表示出担忧了。尽管楚庄王张贴了"谏者处以死刑"的告示，仍然有些忠心耿耿的大臣敢于冒死求见庄王，直言进谏。

大臣伍举就是一个忠心之臣，他一心辅佐庄王坐稳江山。谁知楚庄王登基三年，却终日享乐不理朝政。由于楚庄王的举动很不得人心，伍举的担心日渐加重，因此他决心冒着生命的危险直言相谏。于是伍举冒死求见楚庄王，对庄王说："大王，臣斗胆想请您猜一个谜。""哦，爱卿好兴致呀，快说来与寡人听听。"楚庄王一听是要玩猜谜，开始表现得眉飞色舞兴奋不已。伍举说："大王，有一只鸟，但有三年的时间它既不飞也不叫，请问大王，这还能算是鸟吗？"

楚庄王一听此话心中便已有数，但是表面仍不动声色。沉吟了一会儿，他才说道："三年不飞，但一飞冲天；三年不鸣，但一鸣惊人。寡人明白你的意思，你先回去吧。"

伍举心里顿时明白了：大王贪图享乐只是假象，心里却在思考宏图伟业。于是，他放心地回去了。

果然，不久后，楚庄王便不再纵情享乐了，迅速开始致力于政治革新。他首先对那些整天围绕在他的身边、与他一起吃喝玩乐的谄媚之人给予处分，接着又任命曾经冒死进谏的伍举等人。经过一番治理，整个国家面貌焕然一新。

从这段故事，我们可以看出楚庄王一开始的吃喝玩乐并不是单纯的享乐，而是以此为挡箭牌，暗中进行观察，从而分辨出哪些人是可用之才，而哪些是无用之人。而伍举也不愧为贤臣，他没有直截了当地与楚庄王不得进谏的禁令作对，而是绕着圈子试探楚庄王的心迹，终于得到了满意的回答。

在与人交往时，绕圈子看似效率不高，有时却是达成目的的最好方法。

伤人别伤心

在工作和生活中，我们随时都会遇到一些人，说了对不起自己的话或做了对不起自己的事。这时，我们应当怎么办呢？是针锋相对，以怨报怨，还是宽容为怀，原谅别人？

人生好比行路，总会遇到道路狭窄的地方。每当此时，最好停下来，让别人先行一步。如果心中常有这种想法，人生就不会有那么多抱怨了。即使终身让步，也不过百步而已，能对人生造成多大影响呢？你经常让人一步，别人心存感激，也会让你一步，一条小路对你来说也是通途。你事事不肯让人，别人心怀怨恨，就会设法阻碍你，损伤你，即使一条大路，对你来说也充满险阻。人与人之间往往是心与心的交往，诚心换来的是真情，坏心换来的是歹意。

在战国时代，有一个叫中山的小国。一次，中山的国君设宴款待国内的名士。当时正巧羊肉汤不够了，无法让在场的人都喝上。没有喝到羊肉汤的司马子期感到很失面子，便怀恨在心，到楚国劝楚王攻打中山国。中山国很快被攻破，国王逃到了国外。当他逃走时，发现有两个人跟在他的后面，便问："你们来干什么？"

两人回答："从前有一个人曾因得到您赐予的一点食物而免于饿死，我们就是他的儿子。我们的父亲临死前嘱咐，不管中山国以后出什么事，我们必须竭尽全力，甚至不惜以死报效国王。"

中山国君听后，感叹地说：仇怨不在乎深浅，而在于是否伤了别人的心。我因为一杯羊肉汤而亡国，却由于一壶食物而得到两位勇士。

人的自尊比金钱还要重要。一个人如果失去了少许金钱，尚可忍受，一旦自尊心受到损害，就不知将会干出什么事来。有时候，我们本无存心伤人之意，却可能因为一句无意的话伤害别人，为自己树立一个敌人。言行的谨慎看来是很重要的。

从前有位显宦，喜欢下棋，自负是国手。某甲是他门下的一名食客，有一天与显宦下棋，一出手便咄咄逼人。到后来，竟逼得显宦心神失常，满头大汗。他见对方焦急的神情，格外高兴，故意留一个破绽。某显宦满以为可以转败为胜，谁知他突出妙手，局面立时翻盘。他很得意地道："你还想不死么？"

显宦遭此打击，心中很不高兴，立起身来就走。虽然显宦有很深的修养，胸襟宽大，但也受不了这种刺激，因此对这位食客就有了成见。而食客呢，他始终不懂为什么显宦不再与他下棋。显宦也为了这个，总是不肯提拔他。也许他会自认命薄，哪知是忽略了对方的自尊心，控制不住自己的好胜心，因小过失铸成了终身的大错。

如果遇到必须取胜，无法让步的事，又该怎么做呢？那也要给别人留一点余地，就像下围棋一样，"赢一目是赢，赢一百目也是赢"。只要能赢就行了，何必让人家满盘皆输？比如与人争辩，以严密的辩论将对方驳倒固然令人高兴，但也没必要将对方批驳得体无完肤。这样做不但对自己毫无好处，甚至会自食其果，遭到对方的反击。当我们和他人发生摩擦时，首先要了解他的想法，然后在顾及对方颜面的前提之下，陈述自己的意见，给对方留有余地。这一点在处理人际关系时非常重要。

服从不等于盲从

无论我们从事什么工作，服从都很重要。没有服从就无法形成统一的意志和力量，任何事情都不会有成就。演员不服从导演，就没有鸿篇巨制；军队不服从指挥官，后果肯定是灭亡。从统一意志、统一步调的角度讲，社会就是在领导与被领导、权力与服从中前进的。如果上司要求你向东，但你偏偏向西，那你不被"枪毙"才怪！

但是服从不等于盲从，你一定要能够独立思考，处事有主见。对上司的能力、水平、人格可以认同和赞赏，但不能迷信及个人崇拜；可以尊重、热爱自己的上司，并认真执行上司的正确意见和主张，但不能盲从上司的错误决策。

春秋时，有人向楚平王进谗，说太子建企图谋反。楚平王不问青红皂白，命令城父司马奋扬去杀太子建。奋扬追随太子建多年，对太子建的为人很了解，知道谋反之说纯属冤枉，就派人送信给太子建，让他逃到了宋国。

楚平王召来奋扬说："话出自我的口中，进入你的耳朵，是谁告诉了太子建？"

奋扬回答："是我告诉他的。您曾经命令我：'事奉太子建要如同侍奉我一样。'我按照您当初的命令对待太子，不忍心照后来的命令做，所以送走了太子。"

楚平王说："你违背了我的命令，还敢来见我？"

奋扬说："接受命令而没有完成任务，已经犯了错误。君王召见而不来，就是第二次犯错误了。所以我不敢逃走。"

楚平王很欣赏奋扬的忠诚，更敬佩他敢于担当的勇气，就说："回去吧，还像从前一样办事。"

有一种毛毛虫，叫列队毛毛虫。这种毛毛虫喜欢列成一个队伍行走。最前面的一只负责方向，其余的只管跟从。生物学家法布尔曾利用列队毛毛虫做了一个有趣的实验：诱使领头的毛毛虫围绕一个大花盆爬，其他的毛毛虫跟着领头的毛毛虫，在花盆边沿首尾相连，形成一个圈。这样每只毛毛虫都可以是队伍的头或尾。它们爬呀爬呀，周而复始，几天后，毛毛虫饿晕了，从花盆边沿掉了下来。

读了这个故事，在为列队毛毛虫的遭遇感到哀怜的同时，也有些怒其不争。谁该为列队毛毛虫的结局负责？是这支团队的所有成员。在这个毛毛虫团队中，有的是"只顾埋头拉车，不抬头看路"的领路者，以及一批紧随其后的盲从者。它们共同导致了整个团队的灭亡。

列队毛毛虫这种现象，在现实生活中也依稀可见。有一些干部，对领导唯唯诺诺，言听计从，明知领导的一些想法不一定正确，决策可能有失误，也不愿意多说，只管执行，恰如列队毛毛虫，只管爬行，不问方向。这种现象，必然会导致一个团队缺乏生机与活力，甚至可能导致整个团队垮台。

服从与盲从最大的区分在于，服从是以团队原则为指导，坚持正确的，反对错误的；而盲从则是无原则，不辨是非，盲目服从。在工作与生活中，我们应当坚持服从，摒弃盲从。具体方法是：

一要有服从之心，胸怀坦荡，不掺杂个人得失；

二要有服从之能，不断提高工作水平和能力；

三要有服从之胆，敢于坚持真理、坚持原则，反对错误；

四要有服从之术，讲究工作方式和方法，既要反对盲从，又要维护领导权威，保持团结，使团队充满生机与活力。

大事坚持原则，小事学会变通

在大事上有原则的人，像大山一样可靠，他们是团队制度最忠实的维护者，也是其他员工的一杆标尺。这种人有主见，遇事不会犹犹豫豫、随波逐流。他们在普通人看来有点"傻帽"，但他们却比普通人更有决策能力。

无论个人还是团队，信念和原则都是最后底线。一旦突破这条底线，优秀团队就会变成失败团队，英才就会变成庸才。大凡伟大人物，都是宁可遭受生活的磨难，也决不会放弃自己的信念和原则。

墨子的弟子公上让受老师派遣，向越王宣传墨家的政治主张。越王听了很高兴，说："如果您的老师愿意来到敝国的话，我愿把阴江沿岸的大片土地封给他。"

公上让回来向墨子报告此事，并问："您愿意接受越王的封赏吗？"

墨子反问："你认为越王会实行我的政治主张吗？"

公上让想了想，答道："据我观察，恐怕不能。"

墨子说："那我就不能接受越王的封赏了！"

公上让问："如果得到封地，不是可以在这里实践您的政治主张吗？"

墨子说："唉！不仅是越王不了解我的心意，连你也不了解。如果越王愿意听从我的主张，我自然会酌情去做。如果越王不接受我的主张，即使把整个越国都给我，又有何用？既然越王根本不会采纳我的主张，如果我接受他的封赠，就是拿原则做交易。如果要拿原则做交易，又何必舍近求远跑到越国去呢？我早就在中原地区有所收获了。"

公上让惭愧地说："多谢老师教导，学生实在有些浅薄！"

一个人头脑聪明本领大，当然是好事，脑瓜子笨一点能力差一点也没关系，只要有坚持到底的信念，只要有决不放弃的原则，照样能成为一个优秀人物。

你看《西游记》中的唐僧，除了念经打坐，没看见他有多大能耐，降妖捉怪，提包挑担他全不会，手无缚鸡之力。可他有信念，无论前途有多少艰难险阻，他仍是硬着头皮一路向西；他也有原则，"扫地恐伤蝼蚁命"，一言一行不失佛家本色。这"西天取经"的伟大事业，离了唐僧就成不了。

没有原则就干不成大事。但是，在小事上，也要有根据需要灵活机变的手段。不要用固定的眼光看待人，不要用僵化的眼光看待事物。要随时根据人情事理调整自己的办事方法。

适可而止，凡事都给自己留条退路

常言道："凡事留余地，日后好相逢。"不管做什么事，都不能走向极端，堵住自己的退路。特别在权衡得失时，务必要做到见好就收。无论对待怎样的人和事都要带着适可而止的心态对待，这是在社会交往中有效保护自己的最好方法。

许多人说话、做事都喜欢赶尽杀绝，不给别人留余地，批驳就要体无完肤，打击就要置于死地，以此来显示"本事"或者一解心头之恨。其实，退一步想，冤家宜解不宜结，何必把原本很小的事弄得越来越大，让彼此之间的怨恨越结越深呢？人生不会尽是得意，也不会尽是失意，得意之时心存仁慈，多帮助他人，失意之时也要不卑不亢，不放弃希望和尊严，这才是健康的人生态度。如果身处得意之时，你就对别人大加挞伐，你有没有想过，日后这样的遭遇或许也会落在自己头上？所以说，说话办事时，眼光要放得长远一些，不要一时得势就骄横跋扈，不给自己留一点退路。

不给自己留余地的事例不胜枚举。例如贪官，他们总是用尽一切手段满足自己的贪欲，欺压百姓、收受贿赂，即使已经富可敌国还是不满足，这样一旦他们有天落马，没有哪个人会为他们说上一句求情的话，一方面是他们的罪恶不容饶恕，另一方面被他们欺压过的人已经对其恨之入骨，谁还会为他们说什么好话？这就是做事不为自己留一点余地的下场，众叛亲离。

其实，很多事情都是相互的，你不给别人留一点余地的时候，其实你也把自己的退路都斩断了。所以，任何时候都要宽厚待人，做事适可而止，不要被一时的冲动蒙住了眼睛，做出令自己后悔的事情。